农业科学数据管护
理论与实证研究

● 满芮 高飞 著

U0349436

中国农业科学技术出版社

图书在版编目（CIP）数据

农业科学数据管护理论与实证研究／满芮，高飞著 . —北京：中国农业科学技术
出版社，2020.12

ISBN 978-7-5116-5111-2

Ⅰ.①农…　Ⅱ.①满…②高…　Ⅲ.①农业科学-数据管理-研究　Ⅳ.①S3-33

中国版本图书馆 CIP 数据核字（2020）第 252795 号

责任编辑	张国锋	
责任校对	李向荣	
出 版 者	中国农业科学技术出版社	
	北京市中关村南大街 12 号　邮编：100081	
电　　话	（010）82106636（编辑室）　　（010）82109702（发行部）	
	（010）82109709（读者服务部）	
传　　真	（010）82106631	
网　　址	http://www.CASTP.cn	
经 销 者	各地新华书店	
印 刷 者	北京建宏印刷有限公司	
开　　本	710mm×1 000mm　1/16	
印　　张	10.5	
字　　数	160 千字	
版　　次	2020 年 12 月第 1 版　2020 年 12 月第 1 次印刷	
定　　价	58.00 元	

《农业科学数据管护理论与实证研究》
著写人员名单

主　著：满　芮　高　飞

著作人员（按姓名拼音排序）：

樊景超　胡　林　刘婷婷　王丽云

王晓丽　吴定峰

前　言

科学数据是国家的基础性战略资源，数据赋能现代社会经济发展。数据是智慧农业的关键要素，数据获取、数据处理分析、数据应用服务等方面的基本理论、关键技术，以及装备和系统集成，构成智慧农业的基本理论和技术方法体系，实现从数据到知识到决策的转换。

在智慧农业中应用科学数据，可准确对全球农业数据信息进行分析，并根据分析结果，完成供需预测模型的建立，通过科学数据的分析，为后续农业工作的开展提供决策依据。科学数据的获取是智慧农业的基础；科学数据的分析是智慧农业的支撑；科学数据的应用服务是智慧农业发展的关键。在数据时代下，将智慧农业与数据高度有效结合，不仅使农业的生产方式得到了创新，而且资源利用率也获得了显著提升，使农业生产更加科学、更加现代化。

智慧农业是当前农业发展的趋势，智慧农业的发展离不开农业科学数据的支撑。

本书共分为七章。第一章介绍了论文的选题和研究背景；第二章梳理了科学数据管理政策与法规，解读了生命周期理论，阐述了科学数据管护实践的问题，基于文献计量法分析了科学数据研究与应用现状；第三章从数据获取与使用、政策法规、科学数据日常管理、科研人员意识构建等方面，对调研国家农业科学数据中心的调查问卷进行了分析；第四章解析了科学数据生命周期，调研了数据管理模型，借鉴英国数据管理中心 DCC 模型研究科学数据生命周期管护；第五章构建了基于生命周期的嵌入式农业科学数据全流程管护模型；第六章验证了基于生命周期的农业科学数据全流程管护模型，并提出数据管护的建议。第七章建立健全科学数据管护的指导意见，提出科学数据管护进一步研究的方向。

感谢编委会和朋友王丽云的倾力相助！本书的编写得到了中国农业科学院农业信息研究所领导与同事的大力支持，本书的出版也得到了中国农业科学技术出版社编辑们的帮助，借此机会一并表示最诚挚的感谢！

由于本书的编写时间仓促，难免存在不妥之处，敬请读者批评指正。

满芮

2020 年 11 月于北京

主要符号对照表

英文缩写	英文全称	中文名称
ANDS	Australian National Data Service	澳洲国家数据服务中心
ARL	Association of Research Libraries	美国研究图书馆协会
BBSRC	Biotechnology and Biological Sciences Research Council	英国生物科技与生物科学研究委员会
RCUK	UK Research Councils	英国研究理事会 欧洲研究理事会
DCC	Digital Curation Center	英国国家级数据管理中心
ESDS	Economic and Social Data Service	英国经济社会数据服务
ESRC	Economic and Social Research Council	英国国家经济和社会研究委员会
JISC	Joint Information Systems Committee	联合信息系统委员会
NERC	Natural Environment Research Council	英国自然环境研究委员会
SSHRC	Social Sciences and Humanities Research Council	加拿大社会科学与人文科学研究委员会
CEOS	Committee on Earth Observation Satellites	国际卫星对地观测委员会
ERC	European Research Council	欧洲研究理事会
OECD	Organization for Economic Co-operation and Development	经济合作与发展组织
NSF	National Science Foundation	国家科学基金组织机构
NIH	National Institutes of Health	美国国立卫生研究员
ICSU	International Council of Science Union	国际科学联合理事会
WDC	World Data Center	世界数据中心

目　　录

1 绪论

1.1 研究背景与意义

1.1.1 科学数据背景

科学数据作为国家科技创新的基础性资源，是数字时代传播快速、影响宽广、潜力无穷的战略资源。科学数据已然成为知识创新以及科学发现坚定的基础。近年来，欧美等国家深入探究科学数据的管护内容，我国对于科学数据的研究起步较晚，数据时代的全面开启，便呈现了研究滞后于实践的局面。

科学数据的研究评定已成为科技创新的一种方式。各研究领域的科研团队中也逐渐分化出科学数据的科研工作者，专门担任科学数据研究与管理的相关工作。

随着我国科技创新能力的不断攀升，科学数据也呈现出了"井喷式"增长，并且数据质量明显提高。与欧美发达国家相比，我国科学数据的应用与管理仍存在着明显的差距，仍然是我国科技工作中的"短板"，我国在科学数据管理与应用方面有十足的发展空间（李爽，2003）。

欧美发达国家以及各数据机构、高等学府陆续规范数据管理，有效地实现了数据的共享，充实了数据资源。近十几年来，我国在加强科学数据管理方面取得了飞速进展。在科技部、财政部的推动下，在基础科学领域建立了信息数据资源较为丰富的科学数据中心。

科学数据不仅来自大型科研项目，还来自由高等院校、研究机构的科学研究人员发起的，投资相对较少的各种小型科研项目。目前，小型科研项目产生的科学数据呈现迅速增长的趋势。由于当前科学研究方法的差异，缺乏统一和标准化的管理，这些小型科研项目产生的科学数据缺乏专业数据机构及人员的管理，数据管护政策和方法尚待完善。科研机构的数据管理部门作为存储科学数据的主要机构，承担着为科研项目提供服务的职责，因此，应该针对院所自身特点制定有效的科学数据管理策略，以期形成长效的科学数据管理机制。

科学数据的发展在经过了实验科学（Experimental Science）范式、理论科学（Theoretical Science）范式、计算科学（Computational Science）等研究范式后，已进入数据密集型科学（Data-Intensive Science）研究范式的数字化科研时代（CHARALABIDIS Y et. al.，2009），如图 1-1 所示。

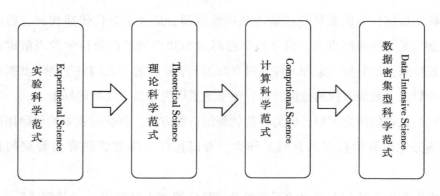

图 1-1　科学范式的发展历程

科学数据如今已经成为一种新型的基础设施，同时也归属于科研成果的范畴。作为新型的科研基础要素，以全新的方式拓宽了科研的维度。科学数据的开放共享，从起初助力科研发展，目前已经发展到借助数据挖掘分析等信息化技术支撑信息决策。

随着海量的科学数据的涌现，数据科学的地位逐渐显著。深入研究数据特征，建立起完善的管护机制，通过收集、汇交、组织、整合、存储等流程，提高科学数据的价值，实现数据的共享再利用。

英国帝国理工学院（Imperial College London，IC，UK）发布的《科学数据管理政策》指出：科学数据是以盈利性研究、政府资助研究或者其他源头收集、观察、生产、制造从而取得的数据并应用于分析之后而产生的原始科研结果（蒲慕明，2005）。科学数据的管护一直是近年来国内外数据学术界研究的焦点。对于国外科学数据管理的发展可追溯到 20 世纪中叶（刘晓娟 等，2016）。1957 年，由国际科学联合会理事会（International Council of Scientific Union，ICSU[①]）作为领头及组织机构（李爽，2003），联合其他数据管理机构成立了世界数据中心（World Data Center，WDC[②]）；1966 年，为加强科学数据领域的研究，建立了横跨学科的国际数据委员会（Committee on Data for Science and Technology，CODA-TA[③]），2013 年，科学数据联盟正式成立（SHREEVES et. al.，2008）。

进入 21 世纪，由我国科技部率先启动的"科学数据共享工程"，其实质是在数字、信息时代高速发展的今天，将数据资源开放给公众，将信息资源开放给公众，顺应国家关于数据管理的政策实施，启动的一项规模巨大的科学数据资源建设项目。两千年初，依托制定共享政策和"国家科技基础条件平台"（赵瑞雪等，2019），将科学数据纳入到管理之中。

近年来，农业科学数据以指数量级增长，遵循农业科学数据特征，探究对其管护的方式，已成为当前数据科学学术研究的焦点之一。关于数据密集型第四范式科研的快速发展尤其加速了信息资源的发展，战略意义尤为突出。数据的管护不论是从农业科技发展视角，还是数据科学发展视角，或者开放科学的视角都将成为我国数字农业信息化发展的主要趋势（彭秀媛，2018）。

农业科学数据在数量、类型、结构、来源上都展现了新的形势与变化，替代

---

① http://search.ebscohost.com/login.aspx?direct=true&db=aph&AN=5776558&site=ehost-live

② http://wdc.org.ua/

③ http://www.codata.info/

文本数据、表格数据的是非结构化、半结构化的新型富媒体数据。面对新的问题与挑战，如何构建农业科学数据管理机制，如何构建体系，如何协调数据产生者、使用者之间的有效关联，基于当前的信息技术，借鉴发达国家的经验，实现农业科学数据有效管护，完成外部环境的搭建与内部机制的优化，以上问题的解决已经成为数据学科关注的焦点。

农业科学数据管理经过十几年的发展面临新变化和新需求，在国家政策的向导下，融合各种信息技术以及政策制度，是科学数据管理的重要发展方向。

（1）国家政策导向

从 2013 年"十二五"规划中，便提出了构建科技资源，形成国家科学数据共享体系的规划，表 1-1 列出了近 6 年国家政策的发展趋势。

表 1-1 2013—2019 年国家关于科学数据的政策

时　间	颁布政策
2013 年	国务院发布《"十二五"国家自主创新能力建设规划》，提出了"构建科技资源从数据获取、存储、处理、挖掘到开放共享的完整信息服务链，建设集中与分散相结合的国家科学数据中心群，形成国家科学数据分级分类共享服务体系"的构想
2015 年	国务院发布《促进大数据发展行动纲要》，指出统筹国内国际农业数据资源，强化农业资源要素数据的集聚利用，提升预警能力。农业农村部发布《关于推进农业农村大数据发展的实施意见》，建议使用大数据来加强对农业数据调查的全球分析
2016 年	《中华人民共和国国民经济和社会发展第十三个五年规划纲要》提出实施国家大数据战略，指出"把大数据作为基础性战略资源，加快推动数据资源共享开放和开发应用，助力产业转型升级及社会治理创新"
2017 年	中央一号文件提出加强科技创新势头，引领现代农业加快发展。整合科技创新数据资源，完善国家农业技术体系，尽快建立一批现代农业科技创新中心和农业科技创新联盟，推进开放基地建设共享服务。加强农业科技前沿研究，提高原始创新能力
2018 年	中共中央全面深化改革领导小组第二次会议审议通过《科学数据管理办法》，3 月国务院办公厅正式印发，旨在进一步加强和规范科学数据管理，维护科学数据安全，提高开放交流水平，更好地支持国家的科技创新，经济社会发展和国家安全
2019 年	2 月，中国科学院印发《中国科学院科学数据管理与开放共享办法（试行）》，为进一步加强科学数据管理，保障科学数据安全，提高科学数据开放共享水平提供了制度规范； 7 月，中国农业科学院印发《中国农业科学院关于针对公共资金资助科研项目发表的论文实行开放获取政策的声明》和《中国农业科学院农业科学数据管理与开放共享办法》，为学术成果实施开放获取和科学数据规范管理，提高科研产出和开放共享水平提供了政策保障和制度规范

（2）科学数据的影响力

当前，科学数据的社会价值影响力研究已经在各机构逐步展开。澳洲国家数据服务中心（Australian National Data Service，ANDS），公开刊登的学术报告《the Cost and Benefit of Data Supply》《Open Scientific Data Report》① 中，深度阐述了科学数据的意义以及学术价值。一方面是广义视角来深度阐释科学数据在当今时代的影响力，范围主要设定在科学数据的应用，旨在对社会经济发展产生的正向作用。另一方面是以狭义视角来阐释科学数据所具有影响力的作用，主要分为学术范围与社会影响力方面的，学术影响主要是在学术领域的交流深度与广度方面延伸；而社会影响力，表现在作用在社会经济、文化环境以及实践生产等各领域，从而对社会也带来的正向发展（彭秀媛，2018；王毅萍 等，2017），详见表1-2所示。

表 1-2　科学数据影响力类型

科学数据影响力	类　型
在学术范围的影响力	源于单一数据集的网络模式 复用数据后出版物的质量增加 增加数据重用的频次 重用数据丰富了出版物的多样性
在社会的影响力	数据集下载量增加 新兴的科学领域 促进全球经济的发展 增强公共服务以及政策的效力

日渐增多的科学数据使得其影响力随着日益增长。如表1-2所示，在学术科研方面以及社会功能方面分为学术影响力和社会影响力（王毅萍 等，2017）。学术影响力主要是针对源于单一数据集的网络模式、数据出版、数据复用的概括；社会影响力主要是针对数据的下载使用量、新型的科学领域、社会乃至全球经济的发展以及公共服务、政策执行效力的归纳。

---

① https：//www.ands.org.au/

科学数据的应用，以英国生物科技与生物科学研究委员会（Biotechnology and Biological Sciences Research Council，BBSRC①）分析出的结果为例，覆盖到全方面科研领域，如图 1-2 所示，科学数据是科学研究的关键要素，在其对应的社会影响力同样起到了至关重要的作用。其社会影响力包括公共健康、社会问题、国家政策、数据交流互通、国家经济发展、社会公众参与度、经济价值的创造、科学数据所产生的知识经济、对国内外的投资等领域。

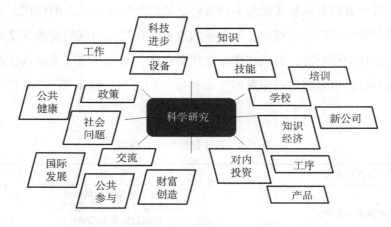

图 1-2　BBSRC 关于科研成果社会影响力的图示

1.1.2　中国农业科学院科学数据管理和应用现状

国家农业科学数据中心（原名：国家农业科学数据共享中心）历经 20 年的历程，已经发展成为我国农业领域涵盖作物学科、微生物学科、水产学科、草业草地学科、动物医学等 12 个农业核心学科领域，756 个数据集，总量达到 760TB 的科学数据服务平台。农业种质资源、环境、植物保护等 10 个领域的一万多项监测检测指标作为农业基础性长期性的数据资源汇交于平台。国家农业科学数据中心在学科分类中通过动物医学与科学、热带作物、资源区划、作物种质等 7 个

---

① https：//bbsrc. ukri. org/

分中心开展不同领域的数据整合服务，在省域以黑龙江、四川、新疆等 20 多个省（区）级分中心提供以区域科学数据服务。以电话、电子邮件、QQ、微信公众号作为服务渠道，以专职人员的服务团队精准推送数据以及通过数据分析进行决策咨询服务，截至 2019 年 12 月，注册用户 2.6 万，强有力地支撑国家重点研究发展项目，取得了卓越的社会效益，该中心已成为多种渠道、模式并存的数据应用体系。

为了可持续地提升数据资源的意义与价值，更好发挥数据对农业创新决策的作用，依托中国农业科学院农业信息研究所，国家农业科学数据中心于 2006 年成立，2011 年经科技部、财政部联合评审，成为第一批国家认定的国家科技基础条件平台之一。2019 年 6 月经整合优化后该中心成为 20 个国家科学数据中心之一，进入新一轮国家平台建设名单。以数据资源为依托，为了缓解我国农业科学数据分布零散、资源化程度不足、共享和复用程度低等瓶颈，解决全球范围的数据存储和访问安全问题，国家农业科学数据中心旨在整合不同来源农业科学数据、提升资源化程度、提高共享和复用水平、保障数据资源安全。

为了加强农业科学数据的规范管理，提高科研产出和开放共享水平提供制度规范和政策保障，2019 年 7 月中国农业科学院印发《中国农业科学院农业科学数据管理与开放共享办法》和《中国农业科学院关于针对公共资金资助科研项目发表的论文实行开放获取政策的声明》，是中国农业科学院落实国家《科学数据管理办法》要求的体现，《中国农业科学院农业科学数据管理与开放共享办法》明确了数据管理的责任与分工；规定了项目立项、执行、结题、验收不同阶段的科学数据管理要求；确定了项目负责整合农业科学数据上交所级数据中心的工作流程；分为院级数据中心和所级数据中心两个级别；并对业务流程、工作机制以及适用范围等方面进行了阐述。与此同时规划了中国农业科学院农业科学数据中心体系，为进一步管理与开放共享提供了保障。

1.1.3 科学数据的研究意义

科学数据是科学研究的重要成果，农业科学数据是现代农业重要的生产要素，也是非常重要的社会资产和现代农业基础设施保障，具有意义重大的应用价值。农业作为应用学科，数据管护的研究对于该领域应用起着关键作用。农业科学数据从产生到汇交整合到分析应用，涉及各个环节的参与者，数据内容繁杂，实践过程多样化，具有季节性等明显的动态化等特征。因此，农业科学数据管理的研究意义十分重大。

（1）数据驱动的科学范式急需开展科学数据管理的研究

当今已经进入"融合科学"和数据密集型科学发展的阶段。农业实质是应用科学，问题导向式的多学科融合研究对促进农业科技创新发展具有重要意义，学科领域交叉研究有助于新的创新点的发现，农业科学数据的管护研究，就是基于海量数据，对数据多维度的挖掘分析，在过程中产生新的突破点。各级科学数据管理办法的颁布为不同农业科学数据管理机构的合作，数据的应用发展提供坚实的政策支撑。

农业科学数据管理模式研究，可以为数据驱动的农业科研范式提供基础保障。作为应用学科，农业科学数据管理的研究对农业科技创新起到推动作用。在科研项目管理中，科学数据共享与优化学科布局和完善学科交叉融合机制相结合，围绕新型融合研究的数据平台创立。"融合科学"范式的形成，有效提高了农业科技创新的效能。支撑"融合科学"发展，匹配需求，仍需大力完善。农业科学数据的管护研究围绕具体的数据融合科学计划项目，农业科学数据平台的搭建，系统观测大数据与科研项目小数据并行，汇交数据，促进开放共享，增强农业科学数据应用，在农业科技创新领域起正向支撑作用。

（2）缓解我国农业科学数据分布零散、资源化程度不足、共享和复用程度低的现状

政府部门、高等院校、科研院所目前拥有大量的农业科学数据资源，但"信息孤岛"的状况尚未得到行之有效的改善。至今依旧缺乏有效、合理、科学的整合，尚未建立统一管理的标准化数据平台，这些都成为了农业科学数据的应用以及发展的障碍。部分农业科学数据虽然以数据库的形式进行存储数年，但方式尚

未统一，难以实现数据资源的开放共享。上述问题在农业科学数据管理的研究中逐一解决。

根据国务院颁布的《科学数据管理办法》以及中国农业科学院印发的《中国农业科学院农业科学数据管理与开放共享办法》，总结了农业科学数据在管护中存在的若干问题，按照农业科学数据的汇聚、开放、共享利用以及数据安全四个方向划分 12 项问题，如表 1-3 所示。

当前我国农业科学数据的分布是，海量的数据资源过于分散在农业领域，或者与相关学科的交叉领域中。制定规范化管理制度是农业科学数据管理的核心，不同的政府、高等院校、以及科研院所都有自己的制度或适当的数据管护方法来满足本单位科研人员的需求，因此，需要规范化制度管理来实现统一管理。

另外，在互联网环境下，数据资源易拷贝，农业科学数据的管护存在难度；在数据采集和加工中，对数据的二次开发以及共享均面临着知识产权问题，如复制权、发行权、网络传播权等，以上都要在科学数据管理中加以治理、解决。科研院所，以中国农业科学院为例，仍在不断探索、完善自身的数据管护方案，推动农业科学数据共享，作为有代表性的科研机构面临的问题主要有以下四个方面。

① 政府及国家层面的科学数据保存与共享主要针对国家层面的跨国合作或国际联盟的超大型科研项目。而在中国农业科学院，通常由科研团队负责项目更为多见，有项目负责人或者项目团队中的一个人负责数据管理，因此需要侧重对这些农业科学数据进行有效的管护和利用。

② 对于科研人员的小型项目分散的数据产生，并非都可找到数据存储中心，存储方式混乱随意。农业科学数据涉及领域重要，形式复杂多样，无需长期保存的数据资源目前缺乏数据管理系统对临时保存的科学数据与长期存储的科学数据有明确区别。

③ 科研机构数据资产管理的需要。科学数据目前已经归属于科研产出范围，与期刊文献相同，是重要的资产。科研机构有义务提供科学数据的管护，包括存

储、传播与长期保存。目前科研机构的科学数据管理机制尚需要完善。

④ 科研人员的需求。科研人员在项目开始即需要考虑数据管护问题，自身制定的数据管理计划更能契合本学科的切实需求。项目启动阶段，也是对应科学数据管理的启动阶段。而国家级或学科领域的数据则更注重项目结束后的数据管护。根据科学数据在农业不同领域方向的科研活动中不同阶段的特征，符合农业科学数据管理特征的研究并不充分。

综上所述，农业科学数据的数量越来越大，但对于其管护一直尚未有效开展（杨友清 等，2012）。调查显示，国内近70%的研究人员均遭遇过科学数据丢失或被损毁，除去设施设备故障、病毒侵袭等客观因素，研究者对科学数据保护意识淡漠、缺乏数据备份等主观原因也依旧存在。尚智丛等（2008）指出，在生物学领域，科研工作者收集的科学数据生命周期相对较短，很快便消失，很难被其他科研团队所利用。

现在的科学数据通常在高等院校、科研机构的科研团队中各自保存，各机构、单位之间的科学数据、单位内部的科学数据几乎得不到有效共享，因此数据之间的关联价值得不到挖掘，跨单位、跨团队的科学数据的获取存在着困难，其利用率得不到有效的保障。如何对科学数据进行科学有效的管护，以期发挥最大的效用，是亟待解决的核心问题。

表1-3　农业科学数据管理存在的问题

内容分类	有关《中国农业科学院农业科学数据管理与开放共享办法》要求	尚待解决问题
农业科学数据汇聚	农业科学数据汇交作为项目验收的必备要求	对于目前科研项目产生的数据汇交暂无明确细则
	国内外学术论文数据汇交备份	学术论文数据汇交备份的基础设施和管理机制暂未建立
	涉及机密、国家安全、社会公共利益的科学数据须按照规定予以汇交	暂无相关具体实施细则

（续表）

内容分类	有关《中国农业科学院农业科学数据管理与开放共享办法》要求	尚待解决问题
农业科学数据开放与公开	编制农业科学数据资源目录	暂无统一的农业科学数据资源目录
	依托国家科学数据网络管理平台统一发布科学数据资源	暂无统一的国家科学数据网络管理平台，国家农业科学数据平台与其他科学数据平台互联互通不足
	在线下载、离线共享、定制数据服务向社会开放共享	开放不足、共享不足
	开展农业科学数据分析挖掘基础上的增值服务	尚未开展农业科学数据增值服务，数据产权问题不明确
	在论文发表、专利申请、专著出版工作中注明所使用、参考、引用的数据	农业科学数据引用标准尚未发布
农业科学数据共享与利用	服务政府决策、公共安全等公益性科学研究	服务效果不佳
	服务于经营性活动，签订有偿服务合同，明确双方的权利和义务	权利及义务不清晰
	农业科学数据科普服务	几乎没有科普服务
农业科学数据安全	数据保密及安全管理	意识不强
	建立农业科学数据共享与对外交流的安全审查机制	缺乏数据密级定制与审查机制，大量数据流失
	加强农业科学数据生命周期的管理	农业科学数据生命周期管理标准化和规范化不足
	做好应急管理与备份	暂无农业科学数据应急管理与备份机制

1.2　当前科学数据的研究问题

1.2.1　科学数据研究目标

系统研究数据科学生命周期，应用数据科学理论，采用大数据分析技术构建科学数据生命周期模型。为识别科学数据管理的复杂过程提供理论基础以及框架模型，为农业科学数据产权确权、科学保藏、安全保护等农业科学数据的科学管护提供合理化建议。

1.2.2 科学数据研究内容

深入研究科学数据的生命周期，以数据科学理论为基础，构建流程模型。为识别农业科学数据管理的复杂过程提供理论基础以及框架模型，为农业科学数据收集汇交、组织整合、产权确权、安全存储、共享利用等农业科学数据的科学管护提供合理化建议。

（1）基于生命周期农业科学数据管理的理论分析

以生命周期理论作为研究视角，对农业科学数据生命周期模型的意义进行深层解析，将数据管护流程分成前期—中期—后期三个阶段：前期主要是数据管理计划及内容的制定、方案的设计以及对用户需求进行调研；中期针对数据的收集汇交、组织整合描述基于生命周期理论以及数据平台的开发进行管理，拟采用都柏林核心元素集对数据进行描述；后期的管护是对数据进行安全存储，规范数据所有权，使一个全生命周期的全链条式管理达到最优效果。

（2）农业科学数据生命周期全流程模型的构建

以生命周期理论作为理论支撑，借鉴英国数据管理中心 DCC 模型，构建农业科学数据全流程管护模型，嵌入科研人员、科研活动以及数据管理平台，将数据管护流程更加贴合科研项目开展与人员使用，提高数据管护质量，从而实现农业科学数据管理的传播、共享再利用。

（3）农业科学数据管理的实证研究

以中国农业科学院为例，将农业科学数据生命周期框架模型应用实施在院所各级数据管护的流程中。制定符合农业学科领域的政策体系，规范农业科学数据的管护。

1.2.3 研究方法

综合运用了文献研究法、问卷调查法以及实证研究法。

（1）文献研究法

利用 CNKI、Web of Science 等数据库检索相关学术网站搜集整理大量中英文文献。通过文献搜索，对国内外科学数据研究现状进行调研，并对其进行梳理、分析，以便了解国内外科学数据领域的研究重点及现状。

（2）问卷调查法

借鉴国内外高等院校科学数据管理政策的相关研究成果，设计调查问卷，调研中国农业科学院的管护现状。以国家农业科学数据中心及 7 个分中心的数据产生者、使用者、管理者作为研究对象，针对科学数据政策制定、规范需求、数据的获取方式、汇交模式、分析工具、使用状况、数据归属权、共享程度以及数据再利用的情况进行调研。

（3）实证研究法

农业科学数据海量庞杂，数据的多样性结合科研活动的灵活性，本研究以中国农业科学院农业科学数据管理现状进行实证研究，为更全面地优化农业科学数据管理提出新的模式。针对农业科学数据管理流程的解析，把中国农业科学院实施科学数据管理与国外的管护有机结合，取其合适的部分结合自身特点加以实践。

1.2.4 技术路线

本研究所涉及的理论与实际问题展开研究，拟按照"文献→理论→调研→模型→实证"的技术路线逐步展开。首先系统归纳、对比和梳理国内外农业科学数据管理的相关理论、方法，对农业科学数据的管理进行研究。如图 1-3 所示。

1.2.5 研究的创新

本研究基于生命周期理论和英国数据管理中心 DCC 模型，结合农业科学数据管理过程，提出了农业科学数据全流程管护模型，具有新颖性，丰富了农业科学数据的管护理论，对农业科学数据管理实践具有较好的指导作用。

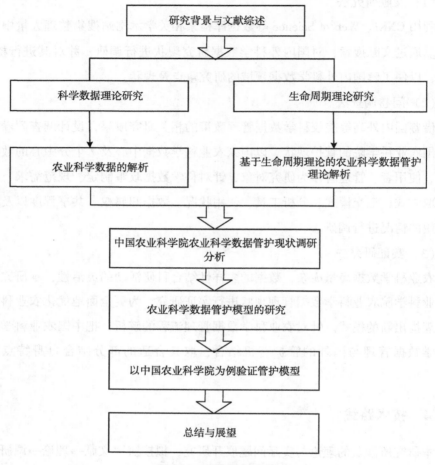

图1-3 研究技术路线

① 以科学数据生命周期为理论基础，探究解决农业科学数据管理的问题，分层次解析农业科学数据管理的前期—中期—后期的内容，在全过程中融入科研活动、科研项目、管理人员以及系统平台的嵌入式研究，构建了基于生命周期的农业科学数据全流程管护模型，丰富了农业科学数据管理理论。

② 基于英国DCC模型构建农业科学数据全流程管护模型。农业科学数据管理的实施受到多方制约，属于复杂的科研项目，至今没有合理、科学、有效的管

护模型指导解决当下农业科学数据管理实践中存在的问题。本研究提出的管护流程模型，覆盖了农业科学数据管理实践的全部流程和相关要素，对于科学数据的管护具有明确的应用价值。

本研究提出的农业科学数据生命周期管护模型，明确了开展农业科学数据管理的着力点，即分析农业科学数据产生、保存、再利用的数据全生命周期；针对科研院所，厘清开展科学数据全生命周期的管护原则，遵循和满足从政策制定、管理层、科研人员的多方需求。因此，该模型在理论和实践两个方面具有一定的创新性。

1.3 框架结构

第一章，科学数据。介绍了科学数据的背景以研究背景，实证研究对象的发展情况，明确了研究目标、研究内容、研究方法、技术路线以及研究意义，最后提出整体的框架结构。

第二章，科学数据管理综述。对相关重点概念进行解析，对于各层级科学数据管理政策与法规进行了综述以及政策梳理，对于重点理论生命周期进行了详细的解读，阐述了科研院所在科学数据管理实践中的问题，以及基于文献计量的方法对科学数据相关现状进行了分析。

第三章，农业科学数据管理实施现状调查分析。以问卷调查的形式对国家农业科学数据中心及下设七个分中心进行调研，调研结果从数据获取与使用方面、政策法规方面、科学数据日常管理方面、科研人员意识构建方面进行了结果分析。

第四章，生命周期视角下科学数据管理的分析。解析了科学数据生命周期的深层含义，调研了目前国际上在用的数据管理模型，并进行了简要总结。借鉴应用最广泛的英国数据管理中心 DCC 模型对科学数据生命周期管护的研究进行了前期—中期—后期的流程分析。

第五章，基于生命周期的农业科学数据全流程管护模型研究。提出了农业科学数据全流程管护模型的需求与设计原则，构建了基于生命周期的嵌入式农业科学数据全流程管护模型并与经典的英国管理机构 DCC 模型进行比较研究。

第六章，农业科学数据管理的实证研究。主要从政策法规的执行，工作管理体系的流程分析以及数据平台开展实践研究，基于生命周期的农业科学数据全流程管护模型进行验证并提出管护发展的建议。

第七章，结论与展望。总结本研究所产生的结论与实践成果，建立健全科学数据管理的指导意见，并提出进一步研究的改进和完善方向。

2 科学数据管理综述

本章从科学数据的理论基础、政策实施现状和文献计量研究三个方面进行综述，系统地梳理了科学数据管理工作的理论基础、技术与法律政策基础，为科学研究和解决农业科学数据管理问题提供基础支撑。

2.1 农业科学数据管理及其内涵

本小节按照梳理框架分别介绍，如图 2-1 所示。

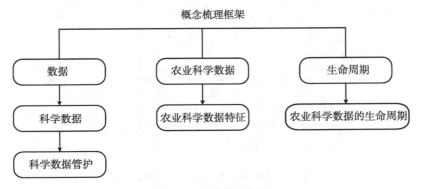

图 2-1 概念梳理框架

2.1.1　数据及科学数据

　　数据的概念早已不是传统意义的数值，数值只是数据的一种存在形式。除此之外，数据科学中所言的数据还包含文字、文本、图形、图像、动画、语音、视频、多媒体、富媒体等多种类型。在数据科学中，数据是以上各类的统称。

　　数据学是关于数据的科学，内在意义表现为两个方面：一是对数据的所属形式、存在的属性、状态以及内在变化规律，这是宏观的认识；二是呈现一种新型的研究方法，主要在于揭示人类行为的变化与规律（毕达天 等，2019）。如图2-2所示，揭示了数据学的发展历史，从信息技术、数据归纳、数据处理方面进行探析，数据学的概念顺应信息发展便应运而生（彭秀媛 等，2017b）。农业数据学的概念目前尚未形成（邓仲华 等，2014）。

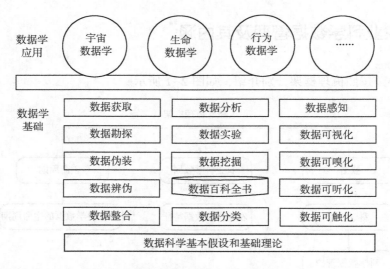

图 2-2　数据学体系框架（彭秀媛，2018）

　　关于 curation 的来历，详见表 2-1，可追溯至 13 世纪，经历几个世纪的演变，到 20 世纪 curation 主要用在情报科学，多数情况下释义为管理（AJAYIA et al.，2020）。

表 2-1　Curation 的追溯

时间	演　变
13 世纪	"Curation" 最早源于拉丁语动词 "cūrāre"，名词形式为 "cūrātiōnem"，释义为 "照顾、注意和管理"，更多指的是医疗上的照顾
13 世纪	随后演变为古法语 "Curacion"，释义为 "治疗疾患"
14 世纪	随后演变成英文，拼写为 "Curacioun"，释义为 "治理，治愈"
17 世纪	图书馆学中开始使用，"the Curator of the Royal Society" 类似的说法已出现；"Curator" 释义为 "图书馆或类似机构的主要负责人的正式称呼"
19 世纪	随着图书馆、情报学科的发展，"Curation" 和 "Curator" 释义也渐渐固定，译为 "管理"
20 世纪	"Curation" 基本释义就是情报学科中的管理、监管

20 世纪 90 年代，"Curation" 逐渐被引入图书馆学、情报学等社会学科（王海宁 等，2018）。生物科学、计算机科学也在不同时期、不同角度归纳了 "Curation" 部分含义（Howe D et al.，2008）。在生物信息学科中对于 "Curation" 的理解是从已经公开发表的文献中提炼关于原始生物信息学的数据，目的是构建生物信息学的词汇表（AL-OMARI F A et al.，2012a；AL-OMARI F A et al.，2012b）。

"Data Curation" 一词最早出现在 20 世纪 80 年代初的文献中（Trubowitz N L，1980），当时指在考古活动中的实地照片以及文字记录管理（Blake J A et al.，1994），出现在自然科学科研数据管理的文献之中（Heidorn P B et al.，2002）。2001 年，时任英国研究理事会（UK Research Councils，RCUK）的主席（Taylor R S，1982）第一次提出 "Digital Curation"。Data/Digital Curation 两者有着密切交集，都有收集、整合数据信息的含义。

对于 Data Curation 的解释，从 2001 年开始本研究进行列举了一些有代表意义的说法，其解释来源于国内外部分权威，国内外学者，表格按时间顺序排列。

"数据管护" 一词来自英文 data curation（Lord P et al.，2011）。这里数据是 data，是指科学试验和调查研究而产生的试验数据。Curation 的翻译还存在分歧，目前尚未达成共识。杨鹤林（2011）将 curation 译为监护，但并未解释为何使用

"监护"，本研究认为监护有"监护人"的监护之意，有对他人的培养之意。对于科学数据而言，就要对其进行管理、监管、维护、保护，使科学数据能被他人在需要的时候所用，发挥其最大价值。所以在本研究中将 curation 译为"管护"。

本研究所研究的农业科学数据"管护"，外国文献中以 Management、Curation、Archiving、Preservation、Stewardship 等文字表达（Essawy B T et al.，2017；Heidorn P B et al.，2008）。Archiving 与 Preservation 意思接近，更偏向对科学数据的归档。Stewardship 大致表达"管理工作、职责"之意，对比 Curation 涉及内容的管护与分析，Stewardship 侧重载体。对于 curation 一词，国内有不同的翻译，孙坦（2009）在其主编的关于数字化科研的图书中将 Curation 归入数据保存的范畴，翻译为"掌管"；杨鹤林（2011）将 Data Curation 直接翻译为"数据管护"。本研究则认为直接用"管护"更为恰当，通常理解的数据管护是利用计算机以及信息技术对数据进行有效的收集存储、处理应用的过程，将 Curation 理解为"管护"与本研究研究范围内科学数据管理一致。

从 20 世纪 80 年代开始，研究学者一般根据自身情况来定义科学数据。如表 2-2 所示，梳理了不同机构针对自己的需求所给出的定义。

表 2-2　科学数据概念的梳理

国别/机构/大型科研项目组	科学数据的定义
美国新罕布什尔大学	为证实研究结果而被科学界普遍接受的、记录的真实材料。科学数据不仅包括原始试验结果和仪器输出，用于收集和重构数据的相关协议、数字、图形等，还包括数字、实地记录或通过观察、数据分析等方式采访、调查获得的数据、计算机文件、数据库、研究记录、幻灯片、音频/视频记录和照片等
英国帝国理工大学发布的《科学数据管理政策》	科学数据是通过盈利性研究、政府资助研究或其他来源而收集、观察、产生、创造、取得的数据并用于后续分析综合而产生的原始研究结果
国家科技基础平台发布的《国家科学数据工程技术标准》	科技活动或通过其它方式所获取到的反映客观世界的本质、特征、变化规律等的原始基本数据，以及根据不同科技活动需求，进行系统加工整理的各类数据
国家地球系统科学数据共享服务平台发布的《地球系统科学数据共享联盟章程》	科学数据是科学研究的过程和结果数据，以及用于科研目的所获取的监测、观测、探测、试验等数据

（续表）

国别/机构/大型科研项目组	科学数据的定义
国务院办公厅	在自然科学、工程技术科学等领域，通过基础研究、应用研究、试验开发等产生的数据，以及通过观测监测、考察调查、检验检测等方式取得并用于科学研究活动的原始数据及其衍生数据
SSHRC	为产生知识而使用特定方法结构化的数字化信息
科技部"科学数据共享调研组"	科学数据是指人类社会科技活动所产生的基本数据，以及按照不同需求而系统加工的数据产品和相关信息
科技部 2006 年发布的标准文件《科学数据共享工程数据分类编码方案（SDS/T 2122—2004）》	科学数据是指人类在认识世界、改造世界的科技活动所产生的原始性、基础性数据，以及按照不同需求系统加工的数据产品和相关信息

综上所述，本研究中"科学数据"的概念是在自然科学领域中，由监测、观测、试验等方式获取的原始数据、基础数据及衍生数据，其中主要是在基础研究领域以及应用研究领域[①]。

2.1.2　科学数据的管护

（1）科学数据管理的概念

2004 年，英国数据管理中心 DCC（Digital Curation Center，DCC）成立。2005 年 9 月，首届国际"Digital Curation"大会在英国巴斯大学（University of Bath，UK）举行（王芳 等，2014）。2006 年，由英国爱丁堡大学（The University of Edinburgh，UK）同 DCC 联合主办的开放数据类期刊《国际数字管护期刊》（International Journal of Digital Curation）诞生，这也意味着数据管护（Data Curation）成为图书馆学、情报学、档案学与 e-science 的核心研究领域，表 2-3（顾立平，2016）对"Data Curation"的含义进行了不同视角的总结。

---

① https：//baike. baidu. com/item/%E6%95%B0%E6%8D%AE%E5%AD%A6%E5%92%8C%E6%95%B0%E6%8D%AE%E7%A7%91%E5%AD%A6/3565373？fromtitle＝%E7%A7%91%E5%AD%A6%E6%95%B0%E6%8D%AE&fromid＝15942559&fr＝aladdin

表 2-3　Data Curation 概念的梳理

时间	作者	科学数据管护概念
2001	国际研讨会	《Data Science Journal》和国际研讨会"Digital Curation：Digital Achieve, Libraries and E-science Seminar"的诞生意味着以 Data Curation 为重点的科学数据发展成了一个新的研究领域
2003	JISC	数据管护是为确保数据当前使用目的，并能用于未来发现及再利用，从数据产生伊始即对其进行管理和完善的活动
2004	DCC	在数字化研究数据的生命周期内开展的维护、保存和价值增值活动。"数据"主要指数字化的科学数据
2008	维基百科	Data Curation 是对数字资产的 Curation、保存、维护、收集和归档。为了当前和未来（对数字资产的）参考利用，有区别的 Digital Curation 是研究人员、科学家、历史学家和学者们建立并开发长期数字资产仓储的过程
2011	杨鹤林	数据管护有三个特点：对数据进行系统性维护首先它是一项持续性任务，其次它对数据进行系统性维护，再次它通过推送数据为科研服务，最终实现数据的价值
2012	吴敏琦	Data Curation 是一种将科学研究当中产生的有再利用价值的数据，尤其是试验数据，通过标准化和规范化的处理，进行长期的保存和维护，以便其他或者后续研究中对这些数据进行再处理和再利用的活动
2016	Shankar	Data Curation 是一套范式和实践，既关心数字对象整个生命周期的所有方面，又关心管理数字对象永久 Curate 的机构与组织的结构，管理丰富的数字对象，管理开放数字对象．增进信任．参与和推进 Data Curation 事业需要在内容产生之前进行规划，因此要注意及早思考，并经常为它规划
2016	顾立平	科学数据治理角度。数据获取需要依靠国家的行政命令、资助机构的政策、研究机构和大学的管理办法等。数据共享存在于不同学科，而且已具备了基础设施．数据重用需要公共门、企业、公众、利益相关方在"尽可能地开放，尽责任地封闭"前提下，采取协调一致的行动
2018	王海宁等人	为实现数字资料的复用、共享和增值，数字资料生产者、管理者、消费者和其相关人员主动介入并对数字资料全生命周期进行管理的活动

　　英国数据管理中心 DCC 给出的科学数据管理的定义：在数据生命的整个历程和各阶段的研究中，对数据进行保存、整理、维护及增值的过程。数据管护是指在学术领域、科学研究、科技活动中，持续地贯穿科学数据生命周期的管理活动。本研究主要针对的是生命周期管理的数据管护。

　　英国兰卡斯特大学（Lancaster University，UK）定义科学数据管理是指有关数据的科学组织、嵌入到数据循环周期，在循环过程中传播有价值的数据过程（洪程，2019）。

美国哈佛大学（Harvard University，USA）定义科学数据管理覆盖科学研究全部过程中的规范数据的类型、规范采集汇交方式、明确存储方式（Gray J et al.，2002；Glaser B et al.，1968）。

综上所述，本研究研究定义科学数据的管护可表述为：每一份科学数据在其所属的生命周期之中实现收集、汇交、组织、整合、分析、存储、共享、传播、利用的全过程。

（2）科学数据管理的应用场景

科学数据管理在生物学应用案例较多，是通过海量全球生物数据的汇交，结合气候、气象变化的科学数据，形成了全球范围内的生物学数据体系（于明鹤等，2019），在生物数据的管护中存在着数据多样性的特征，同时触发了生物的复杂性特征。

科学数据管理数据库的建立是一种结构化的、高质量的数据库，通过对数据进行分析、整合、组织、挖掘、提炼，与新的科学数据有机融合（于明鹤 等，2019）。典型的管护数据库之一是蛋白质序列数据的 UniProt（Universal Protein，UniProt），是资源最广泛，信息最丰富的蛋白质数据库，由 PIR-PSD、Swiss-Prot 和 TrEMBL 三大数据库的整合而成。其数据来自于基因组测序完成后，获得的蛋白质序列。同时包含了大量文献中蛋白质的生物功能信息（林焱 等，2016）。

2.1.3 科学数据生命周期

科学数据生命周期的理论具有三个显著特征。

① 每个研究对象的生命周期过程都是连续不断的。

② 体现在时间属性便是不可逆转的。

③ 一个生命周期的结束被下一个生命周期所更新，两轮周期之间或是循环存在的，或是更新迭代的（马费成 等，2010）。

科学数据的各类形式符合生命周期的理论。科学数据作为研究对象，置于生命周期之中，运用数据管护的方法使得科学数据得以被共享再利用（肖潇，

2012）。

科学数据生命周期的体现为多种形式。在国外高等院校诸如澳洲昆士兰大学（The University of Queensland，AUS）、美国弗吉尼亚大学（University of Virginia，USA）、加拿大阿尔伯塔大学（University of Alberta，CA），国际数据研究机构如美国地质调查局（United States Geological Survey，USGS），数据管护专门性机构如地球数据观察网络（Data Observation Network for Earth，DataONE），英国最大的人文社会科学领域数字化数据的收藏中心英国的数据档案馆（UK Data Archive，UKDA）等学术机构均结合科学数据生命周期理论，来规范和引导科学数据管理工作（胡卉 等，2016）。在《Encyclopedia of Library and Information-Science》（图书馆学和情报学百科全书）第 26 卷中以生命周期模型的形式描述了科学信息发展演化的过程（Kreines E M et al.，2016），把该过程经历的时间总结为三年，每年一个阶段，共分为三个阶段，并详细阐释了每个发展阶段信息发展演变的成果。

科学数据通常比所在的科学研究项目具有更长的寿命。科学研究人员在科研项目结束后继续从事有关数据研究，后续科研项目可能会分析原有数据或添加新的科学数据，或者数据可能被其他研究人员重复使用并改变其用途。如果数据在科研项目期间得到合理科学的保存、良好的管护，并且可长期被访问，则该科学数据将在未来的研究中被再次利用（于明鹤 等，2019）。

在 20 世纪 90 年代至 21 世纪前期，科学数据生命周期作为支持保存和数据管护实践的概念被推广。表 2-4 列出了通常在科学数据生命周期在科学研究中开展的有关科研活动的描述。

科学数据生命周期的管护理论则是整个管护过程在理念上的根本依据。生命周期对科学数据管理的意义是：科学数据作为动态存在的信息资源，因此在对科学数据管理的同时是针对包含一组或几组的科学数据集，从最初收集的原始数据，整合之后的中间数据，到后期形成科研结论的最终数据等，每个过程都是动态的数据集合；其动态特性还表现在，科学数据集包括长期连续观察、观测或多次科学试验结果的数据集合，从而展现一项科学研究数据的全生命周期现象。

数据管护是科学研究活动开始之初便需要介入，体现了从数据收集到处理、验证、结论以及下一个问题出现的周期性，需要从原始数据到中间数据最终到研究结果的科研项目相契合。区别于科技文献管护，需要符合 e-Science 背景下科学研究模式发生变化的需求，科学数据与有关的科研工作的高度密切相关。

就科学数据而言，实现其管护过程需建立在对生命周期管护理论的深层次解析，具体如下。

① 科学数据的生命周期管护，可以形成一种管护模型，是对科学数据贯穿整个生命周期，从创建使用、到归档处置的全过程管护。数据的生命周期管护从管护角度，根据不同管护对象需求而提出的元数据创建、长期保存与存储分析的不同方案。基于生命周期的数据资源管护不仅是针对当下状态，还需要将数据生命周期特征与资源配置、可持续发展、长期效益等因素相结合，从而制定有效实施信息资源管护的方案。

② 生命周期的理论已广泛应用于经济学、情报学、物理学等。数据资源并非独立存在，来源于各个学科领域的各项科研活动，我们实施管护需将数据资源、所在领域实际情况与有效的管护活动相结合，改善数据资源被信息资源单一的管理者从专业领域剥离。重点加强对研究对象"连续性、不可逆转性、迭代性"的解析，具有数据所在领域的独特个性，并与所在领域活动相关联。

生命周期理论是科学数据管理原理的重要组成，科学数据管理是生命周期理论的应用。对于科学数据的生命周期管护原理简言之，是在生命周期理论的支撑下，将科学数据生命周期所揭示的信息规律与科研领域活动相结合，构成科学数据基于数据生命周期的管护模式，并根据实际需要，对科学数据实施长效、可持续发展的管护策略。

表 2-4 在科学数据生命周期中代表性的活动

活动类别	主要特征
发现和计划 （数据产生）	设计研究、规划数据管理 规划同意共享 规划数据收集、处理协议和模板 发现和探索已有的数据资源 收集数据——记录、观察、评估
数据收集	试验和模拟 捕获和创建元数据 获取已存在的第三方数据
数据处理和分析	输入数据、数字化、转录和转换必要时进行数据检查、验证、清洗和匿名化 获取数据 描述和归档数据 分析数据 解释数据 产生研究成果 编辑出版物 数据来源引证 管理和储存数据 建立数据版权 创建发现元数据和用户文档
出版和共享	出版和共享数据分发数据 控制数据的访问 推广数据 将数据转化成最佳格式 将数据迁移到合适的媒介
长期数据管理	备份和储存数据 收集和生产元数据和文档 保存和管护数据 进行二次分析 着手后续研究
数据再利用	实施研究评价 审核成果 将数据用于教学

2.1.4 农业科学数据概念及特点

本研究中农业科学数据是指在农业相关科研中海量的监测、观测、调研、试验、分析、实验等系列活动所堆积的基础性数据资源，农业科学数据具有科学数据的典型特征（曲茉莉，2011），同时具有农业专业属性，学科交叉、类型复杂、数量庞大、数据形式多样。本研究探究的农业科学数据主要包含三类：

　　① 归口国家财政计划资金项目支持的数据（司莉 等，2013）；

　　② 政府相关管理机构强制性汇交的农业科学数据；

　　③ 广大农业科技工作者在工作中产生的海量农业科学数据。

　　目前农业科学数据的量级是相当庞大的，其度量单位已达 TB 甚至 PB 级别，且还在增加。另外，信息资源并非孤立存在，而是相互间有着关联。对农业科学数据的管护不仅是数据本身，还包括对内部关联的管护。农业科学数据的特点：分散、海量、异源、异构。

　　分散：数据来源零散。这些数据部分分散在政府部门、科研院所或者高等院校，多年来因为尚未实现共享，因此并未得到很好的利用，更多的数据散落在各科研团队。

　　海量：农业科学数据呈指数发展态势的增长。计量级别已达 TB 或者 PB，并且在持续增长。

　　异源：种类繁多庞杂，数据源来自各大学科领域，不仅是农业领域，光照、电力电气、性状、气象气压等；数据涉及面广，数据包括农林业、畜牧养殖业、水产、微生物、区域规划数据等。

　　异构：不同类别与结构的数据。异构的另一层含义由于对数据描述的标准不同，元数据标准不同，在海量的数据集基础之上更加增添了数据的异构性特征。

2.1.5　农业科学数据生命周期的管护

　　生命周期最初是基于生命基因组学的专业名词，最原始的意义是指任何一个类别的生物体从出生（To Be Born）、成长（To Be Grow up）、成熟（To Be Mature）、衰老（To Be Senescence）到死亡（To Be Dead）的一个全生命过程（沈婷婷 等，2012；COUNCIL N，1997）。起初，生命周期一词多用在传统意义的具有生命特征的群体，例如生物类、人类等领域。在 20 世纪 60 年代，英国是最早提出生命周期理论的国家，当时主要是用于解决能源利用的问题以及固体废料、废弃物的处理问题。生命周期理论的应用研究就越来越被众人关注，开始用于对研究对象从出生到死亡的一个往复全过程，常应用于政治、经济、环境等重点领域。生命周期（Life Cycle）的意义应用于政治、经济等广阔领域。简言之，可以认为生命周期是任何生物、活动、行为为"从出生到死亡"（Cradle－to－Grave）的全过程（Gragin M H et al.，2010）。

20 世纪 80 年代，美国学者 Leitan 第一次将"生命周期"的理论引入信息管理理论（Levitan K B，1981），信息资源具有自身生命周期特征，即生产、成熟、组织、管理、成长以及分配。20 世纪 90 年代，美国著名学者 Taylor C（Taylor C，1982）研究指出，信息资源的生命周期大致是包括数据的获取、产生以及实践过程。国内研究学者对于信息生命周期理论的研究更多集中在信息从产生到消亡的过程，其中包括收集、筛选、汇交、加工、整合、挖掘、归纳、发布、传播、共享、再利用的全过程（周满英 等，2018）。

本研究针对农业科学数据生命周期理论，主体是数据，数据生命周期就是信息资源进行处理和存储，在科研项目中实现再利用的行为。本研究给出的生命周期的定义是，数据的生命周期是指对信息资源进行收集、筛选、分析、整合、长期存储等处理，继续可在科研活动中得以共享。

农业科学数据管理的生命周期如图 2-3 所示，是指数据的产生、收集、集成、汇交、分析、挖掘、组织、共享、监管的往复过程，本质为基于活动管护数据（师荣华 等，2011）。该农业科学数据全流程管护模型的基础设施包括分析工具、存储系统以及管理工具。其中数据从产出收集到组织共享的过程采用数据处理技术实现。

2.2　科学数据管理的政策与法规

科学数据管理政策的办法一般分为三个层面：国家层面、基金资助机构以及高等院校、科研机构、数据专业机构。目的是为了实现科学的数据意义与价值、

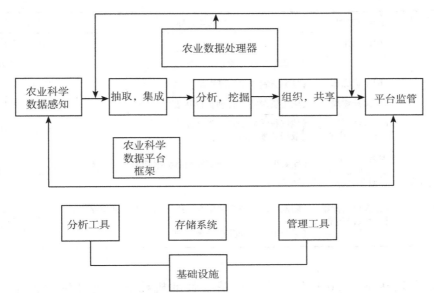

图 2-3　农业科学数据的生命周期

规范安全使科学数据得到存储，从而使在最终实现共享再利用。表 2-5 详细列出了我国各个层级管理层颁布科学数据管理办法的情况。

表 2-5　各个层面科学数据管理办法的颁布

机构类型	发布机构	政策名称	发布时间
政府部门	国务院	《科学数据管理办法》	2018 年 3 月
		《政务信息资源共享管理暂行办法》	2016 年 9 月
行业机构	国家海洋局	《中国极地考察数据管理办法》	2018 年 3 月
	科技部	《国家科技资源共享服务平台管理办法》	2018 年 2 月
		《国家重点基础研究发展计划资源环境领域项目数据汇交暂行办法》	2008 年 3 月
	国防科工局	《高分辨率对地观测系统重大专项卫星遥感数据管理暂行办法》	2018 年 1 月
	国家海洋信息中心	《海洋生态环境监测数据共享服务程序（试行）》	2015 年 12 月

（续表）

机构类型	发布机构	政策名称	发布时间
行业机构	中国气象局		2015 年 3 月
		《气象信息服务管理办法》	2001 年 11 月
	国土资源部	《气象资料共享管理办法》	2010 年 9 月
	中国地震局	《国土资源数据管理暂行办法》	2006 年 6 月
各领域科学数据中心	国家地震科学数据共享中心	《地震科学数据共享管理办法》《数据共享规范标准》	2016 年 4 月
	国家生态系统观测研究共享服务平台	《国家生态系统观测研究网络数据管理与共享平台》	2013 年 12 月
	国家人口与健康科学数据共享平台	《国家生态系统观测研究网络数据管理与共享平台》《医药卫生数据共享管理细则》	2009 年 9 月2008 年 1 月

欧美发达国家 2010 年以来，从基金资助机构的角度陆续规范了制度。2016 年 9 月，澳大利亚国家卫生与医学研究理事会（Australian Government National Health and Medical Research Council，NHMRC）颁布的《NHMRC Data Sharing Statement》（数据共享说明）。英国研究理事会（UK Research Councils，RCUK）2011 年正式颁布了《RCUK Common Pinciples Regarding Data Policy》（关于数据政策的共同原则）；美国国家科学基金会（National Science Foundation，NSF）在 2010 年制定了《Application and Funding Policy and Procedure Guide》（申请与资助政策及程序指南）。美国哈佛大学（Harvard University，USA）在 2011 年发布的《Scientific Data and Information Preservation》（科学数据与资料保存）；英国剑桥大学（University of Cambridge，UK）2015 年发布的《Scientific Data Management Policy Framework》（科学数据管理政策框架）；我国从 2008 年从政府到行业机构，下至部分国家级数据中心先后发布了相关科学数据管理办法。

2.2.1 国内外科学数据管理政策的发展

（1）国外科学数据管理政策的进展

科学数据管理与共享，是全球数据学科乃至科学研究所重视的新兴研究方向。国际上许多国家、数据机构组织、高等院校科研机构、图书馆系统、出版社都在不同的领域、层面、视角制定了科学数据管理制度。

为了科学数据的研究与发展，国际经济合作与发展组织（Organization for E-conomic Cooperation and Development，OECD）（李露芳 等，2013）颁布了"开放获取公共资助的科学数据宣言"，目的是加强数据的利用；欧洲研究委员会（European Research Council，ERC）颁布了"科学出版物和科学数据开放获取实施指南"，明确了接受资金资助的科学数据计划要开放共享，实现数据的最大利用价值；美国颁布了"促进联邦资助科研项目成果的公众访问备忘录"①，目的是减少数据利用的限制范围，明确数据管理计划，将数据的管理与法律规范相结合，英国同样颁布了数据政策，旨在规范数据管理，加大建设知识库以满足数据的开放存储②（赵瑞雪 等，2019）。

国外许多高等院校学府、研究机构遵循政策，以本领域学科数据的需求及发展计划为出发点，分别制定了各类政策，旨在规范数据的有效管理。例如美国哈佛大学（Harvard University，USA）针对"科研数据与资料的保存"制定了政策，英国剑桥大学（University of Cambridge，UK）针对数据的开放共享制定了"科研数据管理政策"。相比较而言，目前美国对于数据的管理更侧重于数据的存储，而英国则侧重于数据的利用。澳洲的墨尔本大学（The University of Melbourne，AUS）同样颁布了数据管理政策，注重的是全生命周期的整个流程的约束。

随着科学数据各项政策的依次颁布，关于数据出版的需求逐步体现，有些出版社要求文章被录用时同时必须将科学数据存在 Dryad③，待论文正式刊出时，

---

① https：//www.whitehouse.gov/presidential-actions/
② https：//www.gov.uk/
③ https：//datadryad.org/stash

对应的科学数据同步共享。但是该制度的执行滞后于科学数据的政策，还处于刚刚被人们重视的阶段，有待进一步成熟。学术论文的开放共享已经发展成熟，而数据出版的尚未成熟说明目前国际上还没形成良好的数据生态环境。

（2）国内科学数据管理政策的进展

随着国际上日臻完善科学数据管理政策的实施，我国为了加强数据的管理，实现数据的开放共享，也紧随世界发达国家的步伐，逐步出台数据管理政策。2006 年，国务院印发了"国家中长期科学和技术发展规划纲要（2006—2020 年）"[①]（李晓霞 等，2019），明确了平台建设有助于数据的管理；两年后科技部印发了"国家重点基础研究发展计划资源环境领域项目数据汇交暂行办法"，明确了数据汇交的重要性，各数据平台应加强、重视数据汇交的管理，作为科学数据管理的基础阶段，数据汇交的质量十分重要（赵瑞雪 等，2019）。2015 年随着数据时代的全面发展，国务院印发了"促进大数据发展行动纲要"[②]，明确了对于国家财政计划支持的项目，其产出的科学数据要逐步分层级的有效管理，早日实现共享。2018 年国务院正式印发了"科学数据管理办法"[③]，对于数据管理的职责定位要清晰，针对基于生命周期的流程管理要步骤分明，各项目承担单位、各项目负责人应切实担起职责。与此同时，各个学科、各个领域要针对数据特征完善数据管理政策，尤其是国家财政资金支持的项目，对于所产生的科学数据需汇交至本单位。上级单位要做好数据的管理、审查、监管工作。

相较于国际上数据出版，我国发展的较为滞后，各级数据管理政策已经将数据出版、数据版权的事项列入管理政策，但是尚未出台强制性的管理办法。同国际上的发展类似，我国目前也未形成良好的数据生态环境（刘桂锋 等，2018）。

2.2.2 《科学数据管理办法》的颁布及要求

科学数据作为国家科技创新的基础性长期性资源，是科技创新的源泉。欧美

---

① http：//www.gov.cn/zhengce/content/2008-03/28/content_5296.htm
② http：//www.gov.cn/xinwen/2015-09/05/content_2925284.htm
③ http：//www.gov.cn/xinwen/2018-04/02/content_5279295.htm

发达国家近年来从不同维度、不同视角颁布了各项相关政策，我国对于科学数据的发展研究紧随其中，天文学、地质地理学、生物学、基因组学、气象学等方面发展迅速，各个走在世界前沿的学科领域都进行了探究（郭明航 等，2009）。

　　数据政策的颁布对于数据的管理至关重要，许多科研领域的新兴发现都源于最核心的数据，配合信息技术的手段，将知识发现与数据有机结合。历经数年的研究，2018 年 3 月国务院正式颁布了"科学数据管理办法"，从各个单位、各个数据管理流程的职责定位，到规范数据全生命周期的管理，从制定管理计划、收集汇交、组织整合，到安全存储、共享利用、数据产权等各方面作出了详细的明文规定（彭洁 等，2009）。宝贵的科学数据不再封闭在某一个单位、某一个科研团队，已成为国家战略资源的分支体系，是第四范式的典型首要代表。规范数据的分级开放，加速提高科技发展，数据的共享为以前看似无关联的知识体系搭建了无数新型的隐蔽的桥梁，产生了不可预估的科学价值。科学数据的开放不仅为学术界打开了新的大门，同时获得了财政资金支持机构、公众相关利益者等相关联机构的重视。多机构重视，必然有效地促进了科学数据的发展。同时办法作为法律依据，促进了科研活动的规范管理。

2.2.3　我国科学数据的政策梳理

　　近 30 年，国际各数据管理机构相继颁布了政策文件，我国在 2000 年之后尤为重视，目前由政府、行业管理部门、下设各领域科学数据总中心组成的数据体系已经基本形成（陈传夫 等，2006）。领域的不同各个数据的政策颁布也有所区别，如表 2-6 所示，是科学数据发展的重大历史时间节点。

表 2-6　我国科学数据发展的代表性事件

年份	事　件
1984 年	中国加入 CODATA 并成立中国委员会
2001 年	"实施科学数据共享工程"建议提出
2002 年	"科学数据共享工程"启动；"中国科学数据共享香山会议"召开

（续表）

年份	事 件
2004 年	《2004—2010 年国家科技基础条件平台建设纲要》出台
2011 年	23 个科技平台被认定为国家首批科技基础条件平台
2014 年	第一届"中国科学数据大会"召开并形成年届惯例
2015 年	数据出版平台《中国科学数据》获批创刊
2017 年	28 个国家科技资源共享服务平台通过考核评估
2018 年	《国家科技资源共享服务平台管理办法》《科学数据管理办法》颁布
2019 年	20 个国家科学数据中心和 30 个国家生物种质与实验材料资源库

目前在国内，科学数据管理的应用很大一部分集中在自然学科，或者工程管理学科（张丽丽 等，2018），与各个科研活动、科研项目的规模内容相比，仍有很多应用空间。科学数据开放共享水平的提升是目前着重要研究的科学问题、应用问题、现实问题。分散于各个单位、各个科研团队中的数据依旧难以汇交、难以关联共享。

我国各个领域科学数据的管理虽落后于国际发达国家，但仍在紧随世界先进数据学科发展的脚步，学科不同、领域不同所面临的问题也不尽相同，天文地理学、生物信息学、基因组学等数据更容易获取，主要问题集中在数据的分析。而对于农业学科，由于同源异构、不同源异构的现状，导致在获取汇交阶段的问题目前相对集中，因为需要先进的科学的信息技术辅助支撑数据学科的发展。

2.3　科研院所科学数据管理的实践

科学数据主要的应用群体还是在高等院校及科研院所的人员，以 NSF、NIH 两个相关科研机构为例阐释管护的实践。

National Science Foundation（NSF）作为国家科学基金管理机构，在 2011 年修订了《Funding and Management Guidelines》（资助与管理指南）以及《Plan of Research Data Management》（科研数据管理计划）（洪程，2019），明确了申请项

目要说明资金使用、管理的具体情况，以及在申请项目时候要做好数据管理计划的说明，包含数据的产生、收集汇交、组织整合、安全存储的每个流程说明（关健，2020）。在 2015 年颁布了《NSF Public Access Plan：Scientific Data Today，Scientific Discoveries Tomorrow》（NSF 公共获取计划：今天的科研数据，明天的科学发现），明确了接受国家科研资金的项目在科研产出的 12 个月之内需要汇交所涉及的科学数据，包含元数据标准，并且分级实现开放。实际上 NSF 的管理核心是通过制定严格的数据管理计划为数据利用做好奠基，并从政策方面强制管理汇交数据（常唯，2005）。

美国国立卫生研究院（National Institutes of Health，NIH）（魏钦俊 等，2020）提出的《Data Sharing Policy and Implementation Guidelines》（数据共享政策和实施指南），明确了对于超过 50 万美元的项目须按要求执行数据共享政策，并且提前制定数据的共享计划，在后期还需对共享情况的执行程度加以说明。较于 NSF 的管理，NIH 主要针对政府资金较大的项目，关于 NIH 与 NSF 的区别详见表 2-7（汪俊，2015）。

表 2-7 NIH 与 NSF 的内容比较

NIH《数据共享计划》	NSF《数据管理计划》
年度预算（直接成本）超过 50 万美元的项目	任何规模、任何学科部的项目申请
不需要参加同行评审	需要参加同行评审
① 计划数据共享的内容	① 提出项目预期将共享的数据（可包括样本、实物资料等）
② 所共享数据的使用群体	② 说明数据格式（包括数据和元数据的格式和标准）
③ 所共享数据的存储地点	③ 提出关于"隐私信息、保密或安全信息，知识产权以及其他要求和权利保护"的数据访问和共享限制
④ 数据公开共享的时点	④ 提出数据再利用、传播和衍生使用的要求
⑤ 研究者如何查询和访问数据	⑤ 提出数据、样本以及其他研究产出存档和保存的计划

2004 年，财政部与科技部共同开展"国家科学基础条件平台"的项目，第

一批完成了气象、人口健康等八个领域的平台建设，首先为数据收集汇交、整合组织打下了基础。2019 年 6 月两部委再次共同优化调整整合原有平台，确定了"国家高能物理科学数据中心"等 20 个数据中心，旨在加强数据管理，提高管理成效，实现数据利用。

2.4　基于文献计量的科学数据管理研究综述

在 Web of Science 数据库中使用"data management"或"data curation"为标题进行搜索，时间限度设置为 1999 年 1 月 1 日到 2019 年 12 月 31 日，共 90 446 条与数据管护相关联的公共出版物。其中包含 77 360 专利发明，7 177 篇科学文献，5 916 篇会议论文。紧随计算机技术的飞速发展，数据管护的研究逐渐成熟。图 2-4 显示了过去 20 年中与数据管护相关的出版物数量的变化。

总体趋势分析

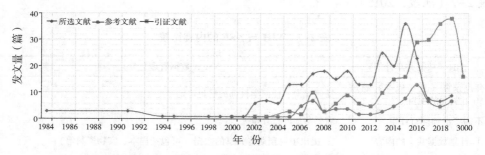

图 2-4　近年国内农业科学数据管理研究发文情况统计

图 2-5 和图 2-6 分别反映了与数据管理相关的成就最多的 20 个国家、地区和 10 个学科方向。结果表明，数据管理研究在中国、美国和欧洲开发的科学研究和信息技术中发生的频率更高。在美国、中国、德国、意大利、法国等国家及地区，信息化已成为 21 世纪科学技术发展的战略措施。其中，中国和美国的出版物数量占全球数据管护成就总数的 37% 以上，接近排名 3~20 的 18 个国家的

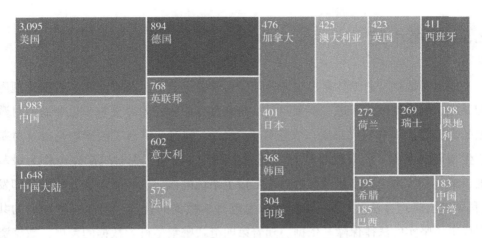

图 2-5 数据管理相关的成就最多的 20 个国家和地区

| 81,244
工程学科 | 30,116
通信学科 | 9,261
自动化控制学科 | 3,861
医学 |

（该图为图 2-6）

图 2-6 数据管理相关的成就最多的 10 个学科方向

出版物总数。就学科而言，计算机科学和工程类学科已成为信息化程度最高的领域。

2.5 本章小结

通过对数据、科学数据、生命周期、科学数据管理以及农业科学数据管理等相关概念的深度阐述，进一步阐明了本研究具体的研究内容（基于生命周期对数据的流程管护）和研究对象（农业科学数据）。同时，丰富了数据理论以及对基于生命周期视角下的数据管理有了进一步研究。其中，生命周期理论作为最基础、最核心、最全面、最重要的理论支撑了系统的框架。2018 年 4 月国务院印发《科学数据管理办法》，进一步加强和规范科学数据的管理，实现科学数据的共享提供了坚实的法律保障与依据。随着第四范式密集型科学数据的发展，数据资源已成为国际战略的基础，科学数据已经成为重要的科学资源与科研资源，如何将海量的科学数据进行管理以方便数据的传播、共享再利用，提升数据的价值，是具有时代意义的研究。

3 农业科学数据管理实施现状调查分析

国家农业科学数据的研究与建设工作有序推进，进入发展阶段，而在科学数据的管护尚未有效步入正轨，更多的停留在政策规划，概念探讨阶段。数据从起始阶段的管护到整合、共享再利用的全链条式的管理并没有形成。为了实现农业科学数据生命周期过程的有效管护，在科学数据生成的初始阶段进行科学合理的规划，并遵循生命周期理论，规范管理流程，强化人员意识。以中国农业科学院为例，对农业科学数据的管护现状以问卷调查的形式展开，调研结果将对农业科学数据管理工作的开展具有推动作用。

3.1 科学数据管理现状调查设计

对农业科学数据进行有效、合理的管理和保护，有助于科学研究验证其成果，在后续研究中发挥倍乘效果，提升科学数据的价值以及共享再利用，合理规范管护流程（黄铭瑞 等，2019）。本章重点调研中国农业科学院农业科学数据的管护情况。

调查的意义是在文献和网络信息资源的基础上，从不同角度、不同维度尽量找到数据资源目前的分布、使用、存储情况，尤其是不易被发现的数据。同时调查的重点之一是当前数据使用者，尤其是科研人员，对于数据资源日常管护的意识以及对数据管理政策的需求程度。为了规范农业科学数据的管理流程，深层次了解数据的各种现状、人员的意识及各种需求是十分有必要的（洪程，2019）。本研究采用问卷调查的方式，调查科学数据的管理、保存、共享和政策要求。

3.1.1 调查对象选取

本研究研究所选取的调研对象主要是国家农业科学数据中心下设的 7 个分中心的工作人员，包括科学数据制造者，进行数据挖掘分析的使用者以及科学数据管理者。涉及学科领域覆盖了农业基础科学、草地草业、渔业水产、农业规划布局、农业遥感、动物科学与动物医学、病虫害、杂草鼠害、生物防控、农业微生物、食品营养与加工科学、农业农村经济科学等 20 余个领域（原顺梅等，2020）。同时，为确保样本的完整性，补充调研对象有在银行数据中心工作的数据工作者，有在读学生主要以博士一年级的学生为主，共同完成此次调查。

3.1.2 调查问卷设计

调查问卷一共分为四部分，分别是：① 科学数据的分布及存储情况；② 数据工作者获取数据的途径；③ 科学数据的安全及归属权；④ 科学数据的应用。共 22 道题目。第一部分的设计目的是获取参与对象的个人信息，例如年龄、学历等便于样本分析；第二部分 20 题，四个部分的题型设计如下。

① 科学数据的分布及存储情况，1~6 题，主要以单选题、多选题为主。
② 数据工作者获取数据的途径，7~13 题，主要以单选题、多选题为主。
③ 科学数据的安全及归属权，14 题，均为单选题。
④ 科学数据的应用，15~20 题，主要以单选题、多选题为主。

3.1.3 问卷回收情况及基本信息分析

调查问卷于 2019 年 11—12 月，以电子邮件的形式组织国家农业科学数据中心以及下属 7 个分中心的科研人员以及补充调研对象以此完成问卷，调研方式是以群发电子邮件为主。发出 400 份，规定期限内收回 289 份，样本回收率为

72.2%。其中，年龄分布在35~44岁的占比最高，为71%；学历方面硕士研究生与博士研究生毕业的人数持平，为9%，硕士学历的参与调查者占比39%，博士学历的参与调查者占比37%，本科人数占比10%，博士后人数占比为4%。被调查者中，职称分布，副研究员、副教授（副高级职称）以上占比51%，为最高，助理研究员（中级职称）31%，研究员、教授（正高级）占比10%，初级职称以及在读硕士生、博士生共占比6%。

3.2 数据管护政策法规方面的分析

3.2.1 科学数据所有权归属

来自以色列历史学者在《今日简史》"酒精是谁该拥有数据"的章节中提出（洪程，2019；SCHLUCHTER W et al.，1981），数据是信息技术发展过程中一项核心资源，事实上每一项数据的产权归属并没有与有关人员达成一致。从社会科学、自然科学发展态势来看，数据的所有权可分为四种可能：所有权归国家政府，归属权力在所涉及的公司，或者归属于个人私有，第四方面是归全人类所属（Yuval Harari，2018）。我国出台的政策性文件《科学数据管理办法》全文中依旧没有具体条款明确解释科学数据的产权归属问题。由于政府出资支持科研项目，那么科学数据所有权归属国家范畴可以解释；政府出资的科研项目由某具体法人单位承担责任，那么数据归属该法人单位也说得通；数据的产生来源于项目，而科研人员是项目的主导者，数据也是某个人或者某个团队试验、测试、推算而来，那么归属个人或者该科研团队也未尝不可。科学数据所有权的模棱两可是制约科学数据共享的一个至关重要的问题。在调研结果中，众人对科学数据所有权也众说纷纭，如图3-1所示。

由图3-1可知，占比参与调查问卷36%的人员认为，科研项目所产生的数据归属权是科研人员，因为是劳动所得；占比参与调查问卷34%的人员认为科研项

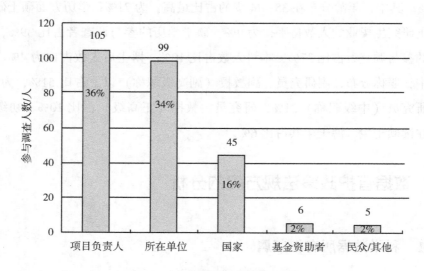

图 3-1　科学数据的所有权问题

目所产生的数据归属科研机构；占比参与调查问卷 16% 的人认为项目中所产生的数据所有权归国家或者政府机构所有；2% 的人认为数据所有权归属科研基金资助者，另有 2% 的人认为数据归属权属于民众。可见，科学数据产权的归属问题始终存在。

早前英国国家经济和社会研究委员会（Economic and Social Research Council，ESRC）发布的《ESRC Scientific Data Policy》（科学数据政策）明确了对于来自政府计划资助的科研活动、科研项目所产生的科学数据属于公共财产，应在不侵犯科研人员隐私，保护知识产权的的前提下公之于众。

美国农业部农业研究服务局发布的《Data Policy》（数据政策）对于数据产权的约束与英国国家经济和社会研究委员会（Economic and Social Research Council，ESRC）发布的政策有异曲同工之处，凡是由政府参与的科研活动、科研项目所涉及的数据所有权均属于国家公共财产，不受版权限制，可以与公众共享。

欧美发达国家的政策对于数据所有权的规范规定，我们在制定的时候可以参考，取其精华，结合自己国情以及数据发展水平等方面综合考量。

3.2.2 相关者利益的分配

相关者之间的利益关系随着科研活动的进行而变化，相关者利益的均衡是阻碍我国推动科学数据发展的因素。

经过文献调研，与科研项目、科研活动相关的人员包含直接或者间接利益者，享受直接利益者的有（洪程，2019）：信息技术部门作为支撑，科研人员、数据使用者作为数据的直接受益人，以及所在科研团队所属的科研机构；间接受益人通常包括了领域内的行业协会、有关涉及的企业以及上至管理部门。

科研机构、科研人员以及政府机构，这三者的利益关系影响着科学数据的发展。但凡涉及利益，必然要在意利益的平衡属性。政府、项目所在科研单位以及个人三方要平衡利益，先确定三方各自所承担的职责。政府机构提供资金支持并对项目进行全程监督，单位落实项目并对本单位参与人所在项目进行管理，科研人员是项目的直接执行者（韩金凤，2017）。

因此，数据产权归属问题是三方的利益结合点。但是在项目执行中，我国确实没有政策明确数据的归属，因为利益相关者需有待均衡，这也是影响我国科学数据发展的要素。

3.2.3 科学数据的共享范围

由图3-2可知，参与问卷调查的人中的60%会偶尔从其他方法或者途径获取科学数据，参与问卷调查的人中的25%很少有机会获取其他渠道的数据，经常可以得到数据的人仅占比3%，以此说明对数据的需求较高，但是获取能力较低。这与科研环境有关，但主要与政策息息相关。

图3-3呈现了参与问卷调查的人中获取数据的方式，大多来自于认识的同一团队的同事同学以及数据中心网站等。据图3-4可知，而无偿提供数据的占比44%，有偿提供仅占比5%。数据共享意识在我国科研人群中已经初步显现。

对于向他人提供数据的信息来看，提供给对方的关系频率占比最高的是同学

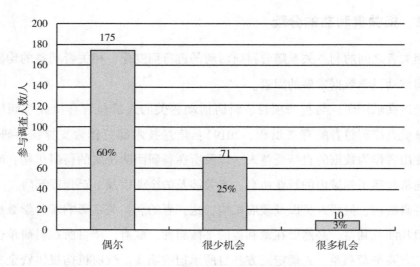

图3-2 科研人员从其他途径获取科学数据情况

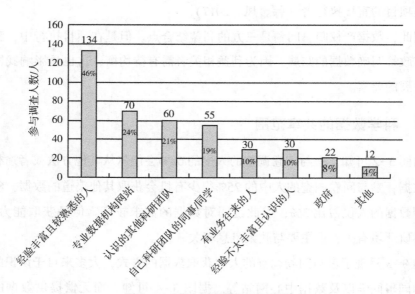

图3-3 科研人员获取数据方式

以及领导，占比中等的是团队成员以及有合作关系的人，提供给同事的最为少有

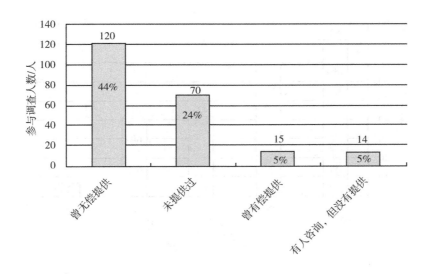

图 3-4　向他人提供科学数据情况

（图 3-5）。

　　综合图 3-2 至图 3-5，在科研项目中获取科学数据是主要活动，但是获取方式单一且关系多为私人关系，并没有制度可以将其约束管理。更多的是与本人关系亲近的容易将数据给予或者共享。科研人员更多获取分享的是与经验丰富的团队。因为我国数据共享存在着十分巨大的局限性。简言之，经验丰富的群体、领导更容易获取数据。

3.2.4　科学数据安全风险

　　科学数据的安全是科研项目实施推进的重要根基。目前我国数据管理过程中，科学数据的主要安全问题，已不再是信息技术的缺乏，而是转变成在科研团队中数据的遗失丢失情况，是否会合理使用，保障数据的安全的存储工作，有效保存科学数据。48% 的人尚未使用固定的数据存管工作，25% 的人正在计划使用或者对此行为持有观望态度，仅有 12% 的人，使用固定的数据存管工具，在调查

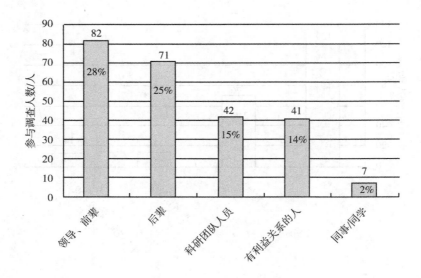

图3-5　科学数据提供对象

中占比最少，可见对于各学科领域，选择有效合理的存储工具在我国还需普及，如图3-6所示。

　　信息技术的发达对于数据存储有着保障。在调研过程中，多数人员都涉及小项目，国家级大型科研项目均为参与，因此涉及存储数据一般就是硬盘以及云存储。目前最大的问题是数据放在一个科研团队内部，通常由一个人员保存，其中团队负责人是第一责任人，保存人员是直接责任人。但是当人员变动或者产生流动的情况，是直接责任人的变动；团队更换领导，是第一责任人的变动，数据在交接中便数次出现遗失问题。而且新的人员无论是保管人员还是团队首席领导，未参与之前的项目，几乎不了解，数据也就停止使用了，时间久了，便出现了遗失的问题，如图3-7所示。

　　调查结果显示了，47%的人偶尔丢失，主要缘于团队、人员的变动，部门的更换，硬盘的损毁等。占比35%的人从未发生过数据丢失的情况。原因是从学生时代到工作期间未调换团队，始终从事同一领域，对数据十分了解。即便更换了

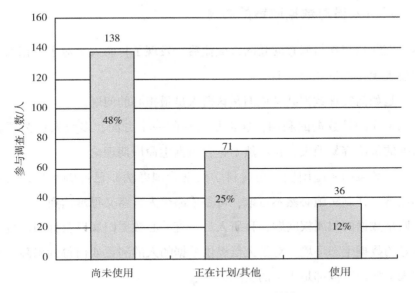

图 3-6　使用科学数据管理工具的情况

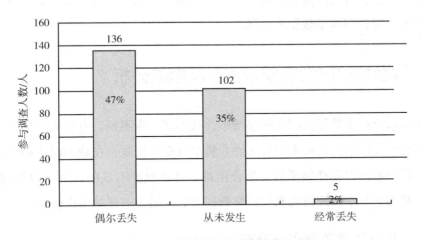

图 3-7　科研人员数据丢失情况

团队领导，自己参与了全部的科研项目以及活动，对数据掌握清晰。配合适当的科学技术，加强备份，数据保存完好。

3.2.5 科研人员对数据政策的思考

本研究通过与参与调查问卷的人交流后，发现了科研人员对于数据政策的担忧，主要表现在以下几个方面。

第一是如何实现数据共享依旧是科研人员最担心的问题。

第二关注的是数据的利用，这也是共享的一个方面，多数人认为项目结束后，数据的价值容易消失，这显然不符合数据生命周期理论。

第三是政策的实施困境，在《科学数据管理办法》已经颁布后，实施的效果并不显著。强制实施必然不可取，可是依靠个人自愿又很难达到。

第四是数据的归属权问题，科研人员一直关心数据归属以及标引问题。如何形成良好的数据生态环境，对于无偿提供数据的人的利益如何得到保障，对于数据盗用现象如何防范都是当下的实际问题。

科研人员的担忧正是我国科学数据发展的屏障，如果解决以上关键问题，政策的保障力度，政府的监督力度，所属单位的监管范围以及科研人员自身素质的提升都可推进我国科学数据的发展。

3.3 科学数据日常管理中存在问题的分析

我国农业科学数据的问题明显清晰，找不到、查不到、有效利用的很少，传递效率较低等问题，直接影响我国农业科学数据的发展，在数据时代的今天，我国农业科学数据存在存储零散、整合困难、共享程度不足的问题。数据的汇交、整合、利用率是本研究研究农业科学数据的管护最为关注的焦点核心。

3.3.1 农业科学数据资源分布

我国的农业科学数据近乎海量，但是没有一个机构、一个单位可以概括我国农业科学数据的数据量。数据的存储极其零散，大多数农业科学数据资源在科研单位、创新团队及相关的研究人员各自保管中，不利于科研人员使用、共享数据，难以发挥农业科学数据在研究中的作用。我国虽然积累的农业科学数据量大，但缺乏有效整合、管护，并没有发挥数据应有的价值。

现有的农业科学数据组成架构主要有三大部分组成，数据存储、归属在行业归口的政府部门、参与项目的高等院校或者科研机构，领域相关的专业数据机构其中包含相关企业，如图 3-8 所示。

目前，国家行政部门汇交到的数据资源，无论是种类，还是数据类型都最为丰富，数据质量也是最高。

在当前农业科学数据管理的机制下，数据资源在我国分散，零散，难以汇交，对过去累积下来的农业科学数据如何处理，如何合理保存，相关制度建设尚未出现。

许多农业科学数据以及有关资料，在过去几十年内一直封存在某个单位某个部门，或归属私有。这样情况下，数据难以发挥其作用，仅仅是存了几十年。而且单位人员的变动、科研团队的更新，人员的流动，势必致使农业科学研究数据存在着遗失、丢失、缺失以及损坏的风险，当年科研团队的人也许并不了解该团队内的数据，年久失修的数据没有备份，已经基本处于损失毁坏的地步。因此，理论上分布在三大板块，但实际可发挥作用的很少。

3.3.2　农业科学数据的数字化存储管理

当前，信息技术迅猛发展，网络技术、云存储、区块链、多媒体数字化信息技术等计算机技术已广泛在农业科学研究领域运用。农业领域一直是个交叉学科，在农业科学的基础之上，结合信息技术学科、情报学科、生物基因组学、经济管理等。

农业科学数据的整合、处理分析以及科学存储仍需更科学合理的探究，运用信息技术，分析、调研当前农业科学数据存在的不足。我国事实上已经构建了农业科学数据信息库，主要问题在于并没有很好地推广应用。

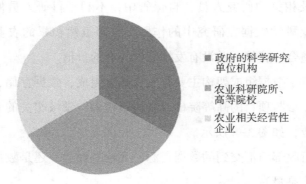

图3-8　中国农业科学数据分布

　　早期的农业科学数据信息库建立在文献资料的数据库基础上，文献机构进行整合，统一管理，并在学科服务方面做出相关的数据服务。在数据库存储方面，文献资料机构库的存储最为有效，结合了数据库技术、文献计量技术等，随着农业现代信息技术的飞速发展，农业科学数据的共享在文献机构库中得到了较好的应用。

　　农业科学领域所涵盖的各个学科领域，各个科研方向都或多或少地建立了属于本领域的信息库，符合数据信息环境的发展。但是与此同时，问题已经出现，农业有关各个领域都在建立自己的信息库，缺乏统一构建、统一部署、统一管理。每个单位、各个研究部门都采取自行汇交数据，自行整合分析加工数据。遇到需要求助其他领域的数据，通过个人私交去处理，难以形成共享机制。而其数据基本也仅供单位内部人员使用，外部人员一来不知道他们建立了自己的数据库，知道了在系统平台注册登录，因为自身权限很有可能获取不到想要的数据。自行建立的数据库、机构知识库一般规模不大，投入资金也有限，大多作用尚未发挥出来，后期的维护也难以得到有效保障。

3.3.3　农业科学数据管理的集中管理

　　我国农业科学数据的管理现状是难以达到统一部署、统筹管理的程度，通常的状态就是自己的数据自己使用，无论是在国家级科研机构，例如中国科学院、中国农业科学院还是相对小型单位，数据的管理都属于各自为阵的分散管理形式。分散的管理给农业科学数据的发展造成困难，尤其是数据管理的最终目的：共享难以达到。我国仍然没有一个国家级统筹规划、统一管理、规范使用、有效共享的农业科学数据机构知识库，未来这将是一个发展方向，使其具统领性质。它的存储可以有效实现对农业科学数据的管护。因为将汇交农业各个领域的科学数据，解决了分散管理、各自为阵的局面。目前，我国农业科学数据的统一管理程度还是处于落后状态。

3.3.4　农业科学数据共享服务

政府部门已经意识到我国农业科学数据共享所面临的问题，正在积极、谋划、部署，各研究团队、各项目、各单位之间尚未建立有效的共享机制。机构单位、科研团队内部和外部之间存在十分清晰的数据保护壁垒。数据的共享是数据管理的最终目的，如何实现开放共享是目前全世界正在研究的问题，实行分级分层的管理是当前共享研究的趋势，对于不同领域、不同身份、不同属性的数据使用者，采取分级管理，设置不同权限。针对共享服务，科研人员的数据共享意识还需要有利加强，这不是一个人、一个机构可以完成的事情，是需要共同拥有共享意识，自己的属于愿意分享同时可以获取到他人的数据，让每一个科研人员感受到互惠互利的好处，才能逐步打开每个人共享的意识。

3.4　科研人员科学数据管理意识的分析

3.4.1　科研人员的科学数据管理意识

美国科研资助机构国家人文基金会（National Endowment for the Humanities，NEH）于 2016 年发布《Digital Humanities Implementation Funding Guide》（数字人

文实施资助指南）报告，明确要求涉及政府资助的科研项目，项目主要参与者、申请者按照要求必须在项目未启动前，提交包括数据获取方式、存储方式以及如何利用的非常详细的数据管护计划，否则该项目不予以启动（洪程，2019）。提交管护计划是发达国家许多基金资助机构的硬性要求。

英国但凡有政府基金资助的科研项目同样遵守提交数据管护计划的要求，各高等院校的科学数据政策的制定大多数遵循 2011 年英国研究理事会（UK Research Councils，RCUK）发布的《RCUK 关于数据政策的共同原则》（RCUK common principles on data policy）的规则（洪程，2019），不仅在科研项目起始提交数据管护计划，并且要求该计划符合本学科领域最佳实践标准。可见英国对数据管护计划的要求十分高。

澳大利亚的乐卓博大学（La Trobe University，AUS）在 2016 年发布的《Scientific data management policy，LTU，AUS》（科学数据管理政策）要求项目在开始前，报告书必须按要求写出例如科学数据的收集汇交、数据所有权、数据在项目过程中如何存储，在结束后如何保留等详细内容的详细周密计划。

2018 年，国务院办公厅印发了《科学数据管理办法》，尚未对科研项目的数据管护计划明确要求（王瑞丹 等，2020）。问卷调查中显示：在科研项目起始前会对数据进行规划，只是不一定会形成正式报告，我国部分科研人员对科学数据的计划意识已见端倪，详情见图 3-9。

由图 3-9 可以看出，参与调查问卷人员中的 47% 人参与过的科研项目起始会进行规划项目所涉及的数据；参与调查问卷人员的 24% 人偶尔会对将产生的科学数据进行规划；参与调查问卷人员中的 9% 的人基本不会考虑科学数据的规划。

由图 3-9 可知，目前尚未对科研人员提出关于是否制定数据计划的强制要求，但是 91% 的人已经开始意识到这一问题并且其中近 47% 的人已经开始制定数据计划。完备的计划是有效促进管护成效的良好奠基。9% 的问卷参与者表示不会进行数据管护计划，缘由是目前工作过多，不愿意增加工作量。未来，需要加强意识引导普及，将此环节作为项目申请的必要条件，形成良好的数据生态

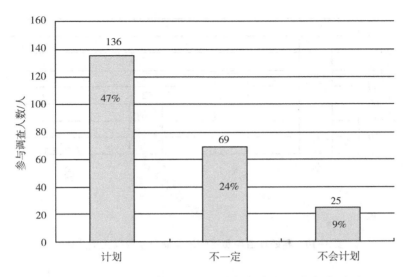

图 3-9　科研项目开展前的数据管护计划

环境。

3.4.2　我国科研人员的科学数据政策需求分析

　　数据产生者、使用者以及管理者是科学研究及活动的主要参与者，在科研中经常遇到各种各样的阻碍及问题，对科学数据政策的要求十分迫切。科研人员作为科学数据的直接使用者，合理有效的科学数据政策积极推动科学数据的发展。根据问卷调查显示，科研人员经常遇到找不到数据的现象，或者要不到数据，数据拥有方不愿意无偿分享。而且对于一个项目组内，也会有数据不规范、找不到的情况出现。详情见图 3-10、图 3-11。

　　由图 3-10、图 3-11 可知，在参与调查问卷的人员中，保管数据的任务通常在参与项目的个别人占比 71%。这个数据负责人可能是高等院校的导师、某个学生或者该项目的参与者。交由所在项目负责人集中管理的占比 21%。由此可见，在项目实施中，管理数据的人十分随意。项目结束后，管理数据的人可能毕业

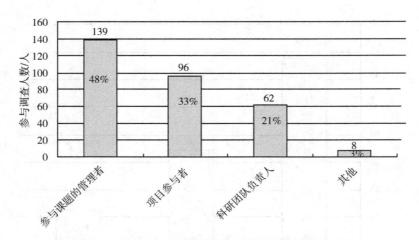

图3-10　科研项目中负责管理存储科学数据人员统计

了，该数据即成为了遗失丢失的数据，也可能转交他人，但是并不了解该项目。数据的零散管理方式十分不利于集中发挥科学数据的连续性，至于溯源问题更是无从下手。

通过图3-11了解，在科研项目进行过程的后期，数据汇交到项目承担者或者负责人的占比57%，同时也存在分散的状态。数据需要跟随项目的周期并予以存储，汇交数据用来发挥其数据价值，数据过于集中在项目负责人手里，可能会减少丢失的风险，但同时也会影响数据的再利用。

结合图3-10、图3-11，科研人员在项目中会遇到数据去向不明、数据保管过于分散的现状，十分不利于数据的再次利用。为了有效解决该问题，对于规范科学数据政策的迫切程度，如图3-12所示。

由图3-12可知，75%的人员对规范政策持有积极的态度，7%的参与调查问卷的人对规范政策无所谓，他们认为即便规范了，人们也很难去执行；仅1%的人明确表示不希望制定科学数据政策，原因注明了会增加工作量。本就时间紧张，不愿意花更多的时间在解读政策、制定数据管理计划等方面。

基于对科研人员对科学数据管理意识的分析，总结了中国农业科学院农业科

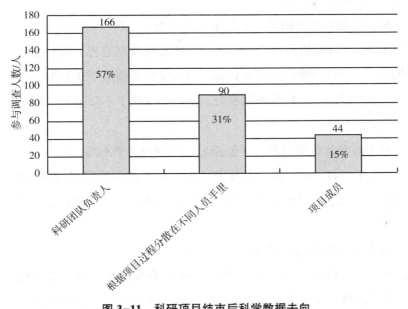

图 3-11　科研项目结束后科学数据去向

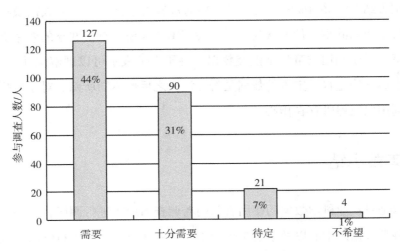

图 3-12　科研人员对科学数据管理政策的需求

学数据当前的特点以及问题。

（1）对于农业科学数据共享的意愿十分迫切

据调查结果，60%的科研工作者十分希望实现共享意愿，52%的科研人员曾无偿分享过自己的科学数据，基本是通过私人交情无偿给于认识的人等，极少数情况汇交至本领域的专业科学数据平台。基本都反映了不知道本领域是否有数据平台。

（2）对于海量的数据资源，看似充足，实则利用率不高

据调查结果，47.3%的科研人员表示自己或多或少有可以共享的数据资源。一来不希望无偿共享，而且不知道自己共享了，会不会可以顺利享受到别人共享出来的数据。

（3）对于科学数据服务的方式形式过于单一

据调查结果，17.6%是将科学数据资源主动提交给相关期刊出版机构进行共享。并且只了解这一个形式，不知道还能如何共享出自己的数据资源。

（4）对于科学数据共享机制的建议

据调查结果，36.1%的科研人员希望通过签署数据协议的方式以及有偿的方式实现科学数据共享。他们认为，对于我国国情来说，有偿共享的效率会远高于无偿共享。对于利用政策强制汇交数据，科研人员表示可以理解但非本人意愿，因为共享后不确定自己宝贵的数据是否在汇交之后便不知所踪。对于数据后续的存储、利用以及保管存在担心。

3.5　本章小结

本章是对农业科学数据的使用者以问卷调查的形式进行调研，范围设置在国家农业科学数据总中心以及下设 7 个分中心，所涉及十余个学科领域。调查结果显示了，针对农业科学数据管理的用户，主要关注三个方面的问题。

一是有关政策法规，对于数据所有权始终存在争议，类比了学术论文清晰的

所有权，科研人员希望数据的使用、引用版权相关问题尽快在政策中加以规范；数据产权归属涉及政府、项目所属单位以及项目承担人三方的利益。但是在项目执行中，尚未在政策中明确数据的归属，三方利益有待在政策中加以均衡；科学数据的安全与共享问题同样受到科研人员的关注，需要在国家层面、基金资助机构以及所在单位的管理政策中加以重视。

二是有关科学数据日常管理，基于农业科学数据呈现出分散、多源、异构的特点，存储零散，大多数数据资源在科研单位、创新团队及相关的研究人员各自保管中，难以共享数据，制约了农业科学数据在科研中的作用发挥；调研结果显示了农业许多领域都建立了自己的信息库，但是缺乏统一部署与管理，甚至科研人员在寻找其他领域数据时候，都不知道该领域已有现成数据库，集中管理的水平较低。

三是科研人员的管理意识，作为农业科学数据的直接使用者，管理意识的重要性尤其重要，调查显示了在科研项目起始前会对数据进行规划，但不一定会形成正式报告，我国部分科研人员对科学数据的计划意识已见端倪，但还需强化意识，提高人员素质，加强宣传普及力度。

调研结果显示了农业科学数据管理的实施现状以及目前的问题，国家层面有关政策法规的制定，所在单位的管理方式以及人员自身的意识问题以及对政策的执行都需进一步完善，旨在形成良好的农业科学数据管理环境。

4　生命周期视角下科学数据管理的分析

　　科学数据生命周期是数据的产生、组织、整合、处理、共享再利用整个循环过程。科学数据的管护具有复杂性、专业性，科学数据管理是一种很大的挑战。基于生命周期全过程的视角构建管护模型是数据科学研究热点之一。通过网络调研国际上的科学数据生命周期模型，借鉴了相对成熟、通用的英国数据管理中心DCC（Digital Curation Center，DCC）模型，对其进行介绍分析，旨在解析科学数据生命周期管护的内容及要素。基于对英国数据管理中心 DCC 的理解，将科学数据生命周期模型划分为前期—中期—后期三个阶段梳理其深层含义，并对每一个阶段进行流程分析，在此基础上总结对科学数据生命周期的启示。

4.1　英国数据管理中心 DCC 模型的述评

4.1.1　科学数据管理模型的调研

　　数据生命周期指科学数据从产生，到数据整合处理最终实现共享再利用的全链条过程，在科学数据管理过程中的实质是依托科研过程来管理数据，对数据进行操作，使其应用于研究（师荣华 等，2011）。科学数据的发展促使科学数据生命周期模型的研究越来越多，根据国际卫星对地球观测委员会（Committee on

Earth Observation Satellites，CEOS①）的数据，基于网络调研，目前国际上盛行的科学数据生命周期模型有十余种（丁宁 等，2013），表4-1对模型的起始来源、侧重点和特征以及模型的构造这几方面进行了总结（杨鹤林，2014）。

表4-1 科学数据生命周期模型总结

模型名称	来源	特点	模型结构
DCC 数据生命周期模型	英国数据管理中心	始于社区型数据管理的实践，结构清晰、层次分明、内容具体	模型是以数据为核心的环状层次性结构，由内而外共分5层。前4层为数据描述、数据保存计划、社区监督与参与、数据管理和长期保存。最外层包括数据创建和接受、评估和选择、数据传递、数据长期保存、数据获取、再利用及其转换
I2S2 理想化活动生命周期模型	英国结构化科学整合基础设施项目	科研数据生命周期模型，包括基础阶段和理想化阶段	模型以矩阵结构将完整试验项目进行细化。基础阶段：研究计划、同行评审、实验、数据处理和分析解释、报告成果。理想化阶段：评估和质量控制、元数据、数据存储、归档、保存和管理、知识产权、访问控制
DDI3.0 数据生命周期模型	英国数据档案项目联盟	社会科学数据管理生命周期模型，是最简单、最基本的模型	模型各要素按照研究阶段依次排列。基本流程为：研究课题→数据的收集→处理→存档→发布→发现→分析→再利用→处理
ANDS 数据共享词汇表	澳大利亚国家数据服务	—	模型使用8个动词描述数据生命周期：创建、存储、描述、识别、注册、发现、获取和开发
DataOne 数据生命周期模型	美国国家自然科学基金会科学数据生命周期管理小组	环境科学数据生命周期模型，环状机构凸显数据管理的周期性	模型是一个环形的循环结构，每个循环包含以下步骤：指定管理计划，收集数据，确认数据，描述数据，保存数据，发现，整合和分析
UKDA 数据生命周期模型	英国埃塞克斯大学	数据存档生命周期管理模型	模型是一个环形的结构，定义了以下6个阶段：创建数据、数据格式化、分析数据、保存数据、获取数据、数据再利用
SDM-CMM 科学数据管理能力成熟度模型	美国雪城大学	被认为可能是最有用的模型	模型为一个层次型机构，包含5个成熟度等级：初始级、管理级、已定义级、量化管理级和优化级。用以识别和评估项目的科研数据管理活动

---

① http://ceos.org/

（续表）

模型名称	来　源	特　点	模型结构
UCSD 数据生命周期模型	美国加州大学圣地亚哥分校		模型为封闭的环形循环结构，基本流程：数据提出→数据收集、创建→数据描述→数据分析→数据发布→数据利用、保存
ICPSR 社会科学数据存档生命周期模型	美国政治与社会科学研究校际联盟	社会科学数据生命周期模型、存档	模型基本流程：制定数据管理计划，构建项目，数据收集、创建，数据分析，数据共享利用，数据存档

经比较，从构造来说，DDI3.0 数据生命周期模型是基于生命周期理论最基本最简洁的模型；从功能来说，SDM-CMM 能力成熟度模型是最适合应用于数据科研项目的模型；从结构来说，Data One 数据生命周期模型、UKDA 数据生命周期模型以及 UCSD 数据生命周期模型都是环型结构数据生命周期模型，暗示了生命周期理论的特性是一个循环周期结束立即进入下一个周期。

总体来看，英国数据管理中心 DCC 模型层次清晰，涉及元素具体，以科研过程为核心的呈现环状结构，自内向外共分 5 层。前 4 层为数据描述、数据保存计划、社区监督与参与、数据管理和长期保存。外环包括数据创建和接收、评估和选择、数据传递、数据长期保存、数据获取、再利用及其转换，是最为经典的基于数据生命周期理论的模型。

4.1.2　英国数据管理中心 DCC 模型简述

基于生命周期的数据管护模型以数据处理、维护为主线，系统地解析了每个过程所要完成的数据管护内容。比较著名、典型的参考模型之一是 DCC 提出的数据监管模型（吴金红 等，2015），如图 4-1、图 4-2 所示。DCC 将数据生命周期划分为创建与获取（Create or Receive）、评价与选择（Appraise and Select）、数据提交（Incest）、管护活动（Preservation action）、数据存储（Store）、数据的获取使用与重用（Access、Use and Reuse）以及数据转化（Transform）7 个阶段（周满英 等，2018）。每个阶段定义了详细的操作步骤（CRENTRE D C，2012）。

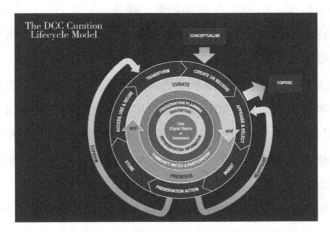

图 4-1　DCC 生命周期管护模型①

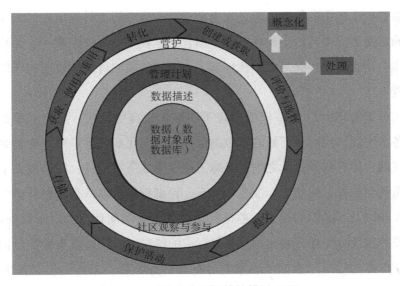

图 4-2　DCC 生命周期管护模型（译）

---

① https：//www.dcc.ac.uk/

英国数据管数据中心 DCC 生命周期管护模型以数据为核心的环状递进结构，非常详细地由内而外共设置 5 个层次。依次为数据描述、数据存储计划、机构的监督与参与、数据管理和长期存储。最外层包括数据创建和接收、评估和选择、数据传输、数据长期保存、数据获取、再利用及其转换。模型涵盖了科学数据管理所涉及的各种科研活动和数据管理过程，用于制订数据管护计划，以确保有序执行所有数据管理阶段，确保了科学数据的整合组织、存储描述以及共享再利用。同时使科研人员与数据关乎人员关系更加紧密，各方责任更加清晰，减少了数据管护的失误率。

该模型是对数据全过程管护的高度概括，可用于规划科学数据组织及活动，保证所有阶段按正确的顺序推进。生命周期模型允许将每一个环节映射到实际科学活动上，有效帮助科学数据建立者、数据监护人以及之后的数据重用者确认自己在数据管护全局中的位置。通过将生命周期模型应用于科学研究的实际中，可以清晰确定是否需要其他步骤环节，数据管护流程中是否缺少某一步骤环节，在科研工作中是否可以消除某些步骤环节，在不同阶段的科研项目所担任的特定角色和职责。

英国数据管理中心 DCC 模型呈现了图形化的高度概述，描述了数据管理所需要的各个阶段，同时从开始的对数据保存的概念化到数据系列处理最终完成存储。模式适合用在科学活动之中，保障了按序完成所有阶段，明确定义了数据管护中的角色与职权，构建了标准技术体系，特别有助于确认在数据管护中可能存在其余步骤以及不必需的行为。遵循科学数据生命周期理论，对于数据的产生、管理、描述以及存储在合理使用元数据标准的情况下，使得数据被完整描述以及达到长期保存的效果。数据的收集与分配需要元数据标准作为基础来实现统一管理。

4.1.3 科学数据生命周期管护内容要素

每一个学科领域的科学数据都具有其各自学科特点，差异较大，但是遵循生命周期理论，对于科学数据的核心要素依旧可以从中提炼，如图 4-3 所示。对于科学数据的生命周期管理流程可概括为以下阶段：制定科学数据管理计划、科学数据的采集汇交、科学数据的分析处理、科学数据的存储，以及数据安全、共享与再利用（王安然 等，2019）。

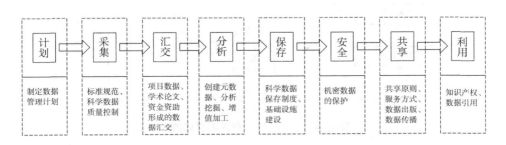

图 4-3　科学数据全生命周期内容要素

系统研究数据科学生命周期，应用数据科学理论，大数据分析技术构建科学数据生命周期模型。为识别科学数据管理的复杂过程提供理论基础以及框架模型，为农业科学数据产权确权、科学保存、安全保护等农业科学数据的科学管护提供合理化建议。

在科学研究中，基于生命周期的管护流程，科学数据由管护流程前期所创建的原始数据，经管护流程的中期整合、处理形成中间数据，再随着管护流程的推进，随着科研项目的结束形成结果数据，最后，被其他科研项目所引用，便形成了基于生命周期的科学数据管理全过程。科学数据管理要素流程即管护从初始的数据管理平台、数据政策，到数据收集采集、分析、保存，最后到数据共享再利用，此过程与科研项目紧密相连。本研究研究总结出科学数据管理要素流程图，如图 4-4 所示。

科学数据时刻具有变化性，在不停产生新数据以及不断被新的科学研究所利用的同时，也经历若干次清洗，不断更新、完善数据质量。当科学数据用于一个研究项目时，数据可持续发挥更大价值，对数据进行管护是为了使数据持续发挥作用，提高数据质量。

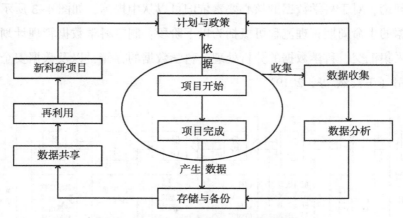

图 4-4　科学数据管理内容要素流程

科学数据在全生命周期中涉及很多数据科学的管理方法，经过数据管理的循环流程，实现了从数据管理到数据价值的质的改变，打通了基于数据信息，形成知识理论，用于决策，获得收益的全过程，这是数据生命周期的深层理解。原始的数据管理是人工抄写内容，统一影印，立卷归档，需要查阅时人工寻找。20世纪 50 年代开始，计算机科学开始蓬勃发展，逐渐信息管理与信息系统的研究开始增多，根本上来说是信息技术的发展推动了数据管理（Nicolet M，1984）。

4.1.4　科学数据生命周期管护流程框架

科学研究的活动与生命周期理论紧密相连，因此，基于生命周期理论对科学数据进行探究。科学数据生命周期管护主要解析如何在其生命周期各阶段对科学数据进行有效管护（陈大庆，2013），在农业科学领域基于生命周期理论提出基本框架，如图 4-5 所示。

图 4-5 表达的是整个农业科学数据生命周期下的流程框架，将主要从科学数据管护的前期、中期、后期三个阶段来解析管护流程。

农业科学管护的研究本质上是解析如何在科学数据生命周期的各个阶段针对科学数据，结合各级政策，信息技术手段，对数据进行管护（Jim Gray et al.，

科学数据生命周期管护流程基本框架

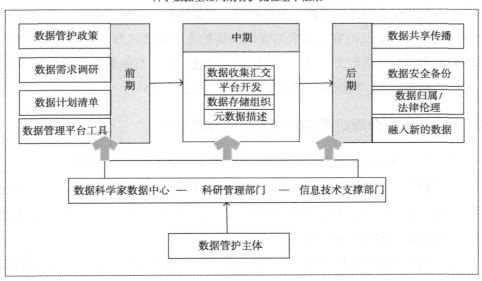

图 4-5　科学数据生命周期管护流程框架

2014）。据第三章的调研结果可知，前期主要是对于数据管理平台、数据管理平台工具以及数据管护政策的管护，是科学数据管理平台的构建需结合科研工作者、图书馆员、基金资助机构及信息技术等部门的综合力量；数据管护政策，从国家层面的政策、到基金资助部门的规范要求等都需要遵守。中期是嵌入到科研项目中收集汇交、进行数据分析等研究内容。在科研项目进行中根据数据管理平台所汇交的数据，元数据标准协助，数据短期存储多是软硬件设施，长期存储类型多样。后期的管护重点是数据共享再利用，共享策略的多元化，知识产权及共享许可协议需要尊重科研人员本意（迟玉琢，2020）。

4.2　科学数据生命周期模型的启示

英国数据管理中心 DCC 模型在科学数据管理中已经取得良好效果，针对我国科学数据管理现状，开展科学数据管理具有重要的借鉴意义，特别是基于全生命周期分阶段的全链条的管护，深层解析了管护流程。前期主要针对国家政策、数据管护计划清单及内容、需求调查以及管护方案设计进行；中期研发管护平台、对数据进行收集汇交、组织分析以及合理化存储；后期针对科学数据备份、分享、传播再利用，数据版权以及新数据的加入进行管护。

4.2.1　基于生命周期理论的科学数据前期管护

国内科学数据管理前期主要存在的问题在于科研人员疏于对数据进行合理计划，对管护方案的设计不够明确，结合第三章的问卷调查，针对前期问题，借鉴英国数据管理中心 DCC 模型的管护经验，提出了具体的基于生命周期理论数据管护前期流程，如图 4-6 所示。

科学数据前期的管护主要是对数据管理平台、数据管理平台工具以及数据管护政策的管护，是科学数据管理平台的构建需结合科研工作者、图书馆员、基金资助机构及信息技术等部门的综合力量（何茹，2019；何欢欢，2010）；数据管护政策，从国家层面的政策、到基金资助部门的规范要求等都需要遵守，如图 4-6 的所示。

科学数据的前期管护流程如图 4-6 所示，数据管理平台、平台所需要的工具以及各级政策是前期的奠基性元素。科学数据管理平台通常是图书馆、科学数据中心、信息技术部门及基金资助机构协助科研工作者制定的一份数据管护前期计划清单。数据管理平台清单任务十分明确，实现对科学数据的收集汇交、整合组织、存储备份等（董薇 等，2019）。

基于生命周期理论数据管护前期流程详细解析，通过国家科学数据管理政策、基金支持机构政策的规范管理下，有助于解决科研人疏于制定管护计划、对数据管护内容不够清晰，对方案设计缺乏针对性的问题，通过对于数据管理平台的设计，有效管理科学数据。对于下一阶段数据的组织、整合起到了奠定基础的作用。

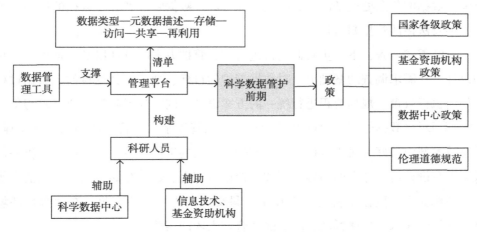

图4-6　数据管护前期流程

对于科学数据管理的前期，犹如我们做任何一件事情前期的准备工作。需要考虑国家政策、规定，这将贯彻科学数据管理的全过程，前提调研要基于政策、前期设计也要基于国家及各级管理部门的政策，既要解读政策的含义以便于为了管护有效地实施利用，更要灵活运用政策，对数据管护的流程进行指导、参考并且辅助的作用，政策不是为了制约数据管护的发展，而是推动数据管护的进行。目前我们对于数据管护主要参考的政策来源于科技部以及涉及业务的国家部委，基金资助部门，诸如财政部以及相关涉及业务的部委，所归属学科的科学数据中心政策，同时我们对于数据的归属权也要充分考虑在内。政策在整个科学数据管理生命周期起支撑作用，其目的在于使数据的收集汇交、存储整合、共享再利用遵照伦理道德、法律法规按要求进行。

基于政策，我们进行全面的科学数据管理需求调查以及深度访问，涉及该学科领域的数据产生者（基层实验测试人员）、使用者（科研人员）、管理者（行政管理人员），他们是最贴近数据的群体，他们对于数据的需求最有实际价值。不同人员、不同专业对数据需求势必不同，数据产生者需要的是更便捷的数据管理系统，更有效的数据存储方式。数据使用者侧重数据的准确度、完成性、时间范围、数据的信息处理基础、分析决策能力等。数据管理者看中数据的使用规范性，涉及法律的数据归属权等。

总结需求调查，下一步我们通常进行数据管护方案的设计以及数据管理平台的设计。在需求调查的基础上，对数据管护的目标、预期达到的目的、数据过程中如何执行政策、规划流程进行统一的方案设计，同时为了满足上述需求与信息技术部门对接数据管理平台的开发计划。数据管理平台是管护活动的基础支撑，信息技术部门最好有对于数据管护研究较为深入的工作人员，这样便可提供一份数据平台设计需要考虑的内容，例如平台运行能力、数据存储能力、承载能力等都要考虑在内。数据学科与信息技术学科交叉的人才并不多见，在大数据环境下，学科交叉人才均属稀缺，应加强复合型人才的培养。

在完成需求调查与深度访谈的基础上，我们将进行在科学数据前期管护过程中最重要的环节：制定数据管理计划清单及内容。不同的学科领域，管护的数据对象在形式、内容上不相同，因此制定计划清单及内容需要多样化。计划清单及内容涉及多领域，多角度，在不过多考虑学科的情况下，我们可以将包含的内容要素概括为四个方面：数据本身、数据管护、数据共享以及计划执行，详见表4-2。

表 4-2　数据管理计划及清单的要素

计划清单分类	要　素	数　据　描　述
数据本身	行政管理数据	科研项目信息、基金资助机构情况、政策信息
	元数据	元数据标准、元数据格式
	数据文档	数据管理过程的记录
	数据质量	数据的质量标准评定与评估体系
数据管护	数据收集汇交	收集方法、汇交方式、汇交时间地点
	数据组织整合	整合方式、组织形式及标准
	数据存储描述	存储方法、存储地点、存储期间、描述方式
	数据重用	重用的条件、政策

（续表）

计划清单分类	要　素	数 据 描 述
数据共享	访问限制	共享的范围、条件、方式，访问接口、权限设置
	隐私保护	保护申明、保护政策、权限划分
	数据归属权	知识产权的法律许可及保障
计划执行	人员配置	每个环节的人员职权范围
	资金配置	资金来源、经费预算、预计执行情况
	技术支撑	施行该计划的人员、技术等各项基础支撑
	法律配置	法律保护文件、协议等

　　数据管理计划清单及内容的制定对规范管护流程、实现数据共享具有一定的作用，因为该环节是管护前期的重点，也是实现科学数据管理过程的重要组成部分。合理的数据管理计划清单及内容之间关系到科学数据管理的成效，作为数据的基础奠基，应选取、培养有经验的数据科学家参与制定，更加有效地保障数据管护的执行。

4.2.2　基于生命周期理论的科学数据中期管护

　　国内科学数据管理中期主要涉及的问题集中在数据的收集汇交、组织描述、组织整合，对于数据具体的处理集中在科学数据管理的第二阶段，结合第三章的问卷调查，针对科学数据管理的中期数据处理问题，借鉴都柏林核心元素集（Dublin Core Element Set，DC）的数据描述方式（刘俊宇，2014），提出了具体的基于生命周期理论数据管护中期流程图，如图4-7所示。

　　在科研活动推进过程中合理使用数据管理平台嵌入科研项目中收集数据，实行加工处理，协助科研工作者定制合理的元数据方案，目的是做好数据存储备份，加强数据安全管理等工作。

　　科学数据的管护中期整个流程主要包括三个阶段。一是数据的收集汇交，定制符合本研究领域的元数据方案，并提供多种选择的数据存储方案。在科学研究项目的启动前期，科学数据中心或者图书馆的数据管理人员在科研项目中，全方

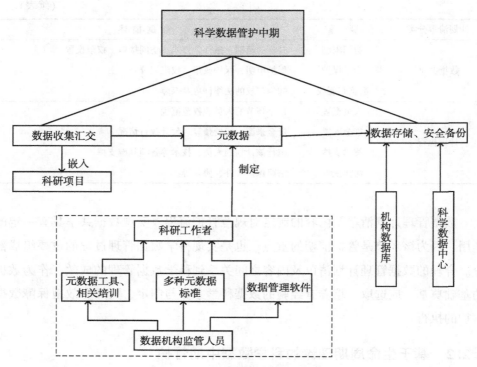

图4-7 科学数据管理中期流程

面收集、汇交科学数据，防止数据的遗漏遗失。在数据收集汇交的初级阶段，数据管理人员需考量是否复用已有数据源，或者需创建新的数据集进行汇交。如果选择已有数据集，原有的数据汇交及方式应按需做出调整，以符合当前科研项目；若是需构建新的数据集，应考量选择的数据汇交工具及方式，以及运用的数据汇交信息技术来创建新的数据集（周黎明 等，2005）。元数据标准具有多样化，多数科研院所、高等院校、数据专业机构均支持多样化元数据标准（代斌 等，2016）。

对于科学数据管理的中期，我们更多的关注点在于数据，因为基于生命周期科学数据管理流程的核心依旧围绕数据展开。关于科学数据的收集汇交，几十年前还是手写数据然后交由一个人管理，后来发展到表格式数据，形式单一，数据类型稳定，大多以微软公司的 EXCEL 表格形式存在，短短几十年已经发展利用信息技术、云端存储多种方式联合进行科学数据的收集汇交。数据收集是数据管护流程的开始，主要涵盖原始数据和文献信息数据两大类。我们对于实验观测的数据基本采用传感装置、监测仪器等软件系统完成。在数据完成汇交前，会对其进行数据鉴定，用来保障下一步的管护活动中数据的质量。我们对于能够互相影响的数据之间建立关联，即关联数据，这对于分散的数据汇交起到了重要的作用。关联数据机制的实现，保障了科学数据对于开放机制在适应性、语义支持方面的数据效益（黎建辉 等，2016）。

数据收集汇交之后，管护流程进入到了数据生命周期汇总的组织描述阶段。使用最广泛的还是选择合理的元数据标准对数据进行描述，我们可以将数据的结构、何时创建、何时消亡、被何人使用等信息延伸，构建元数据标准管理体系。不同类型的数据资源存在相异的元数据标准，通常是完整描述一个具体数据对象所需的数据项集合、语义定义、著录规则的语法规定。高质量的数据描述对于数据挖掘、分析实现数据增值有着决定性的作用。基因组学、生物信息学、流行病学都是通过数据挖掘分析取得研究成果的（Lesk M，2008）。近些年可视化的研究进入了我们的视线，一些特定的复杂数据或者图像影像数据，我们为了解决其难以解析的问题，在数据的组织描述过程汇总，对其进行可视化处理完成数据描述。

无论是数据的汇交还是组织分析，都基于在数据生命周期中安全的数据存储。在数据管护流程中，数据的存储是不可忽略的一个环节。数据存储的含义是根据标准协议将数据安全托管。美国佐治亚理工学院（Georgia Institute of Technology，USA）对用户提供数据存储的状况、存储的附加服务以及云存储服务，以此用来验证科研活动对于数据管护的实施（Walters T O，2009）。当今信息科学领域对于数据存储的研究在于存储介质、同步备份、仿真迁移以及云端存储的方向。我们对数据的存储要求以及方法早已告别了硬盘存储。新兴信息技术有助于推动科学数据管理的发展。数据得到长期长效保存主要依赖于格式的选择，存储质量决定着数据对象在未来是否可被持续访问。

　　数据的收集汇交、组织描述以及存储复用离不开数据管理系统的平台研发，基于管护前期的平台研发计划，选择最适合本学科领域的信息技术很关键。依据各学科的数据类型及特征，合理选择。例如，生物基因组学的数据、天文学数据、地理学数据都呈现海量趋势、数据库的存储能力要格外考虑，农业数据呈现季节性特点，收获期的秋天数据量大，冬天数据量相对小，时间分布的存储要优先考虑，图片影像等多媒体数据由于数据异构，要选择支撑分布式的数据库等，信息技术人才培养在当今数据信息时代尤为重要，而且需要加强复合型人才的培训，掌握信息技术同时有某一学科背景的人才最适合作为数据科学家。

　　基于生命周期理论数据管护中期流程详细解析，数据的采集汇交阶段依据管护前期制定的数据管理计划以及前期所采纳的各级政策，解决了数据分散难以汇聚的问题；通过元数据标准的规范，解决数据的描述及组织的问题；数据管理系统平台的开发，有效管理科学数据汇交及整合过程。对于下一阶段数据的安全存储及共享再利用起到了至关重要的作用，该阶段数据组织整合的质量直接影响数据管护的最终目的。

4.2.3　基于生命周期理论的科学数据后期管护

　　国内科学数据管理后期主要涉及的问题集中在数据的安全存储、备份、分享传播，嵌入新的科学数据时如何与已有数据进行融合，以及数据所有权的问题。对于科学数据后期的管护，结合第三章的问卷调查，科研人员关注数据所有权的归属以及共享效率低的问题，英国数据管理中心 DCC 模型的提出，专门对于数据共享有明确的指示，即接受了资金资助的数据依照法律，必须在专门指定机构进行数据共享。从政策制定规范的角度十分值得借鉴，具体的基于生命周期理论数据管护后期流程图，如图 4-8 所示。

　　科学数据管理的后期主要是针对科学数据的存储以及保障数据安全、清晰数据产权进行管护，使得科学数据易于检索、利用。管护后期实施科学数据管理核心是数据的共享再利用。

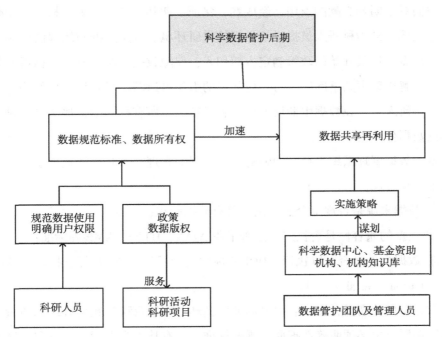

图 4-8 后期科学数据管理流程

　　进行科学数据管护的最终目的是实现数据共享再利用。在国家积极推动科学数据发展的环境下，也为未来的科学研究项目提供了支持，有效地节省了时间和成本，并提高了科学研究的效率。科学合理地协助科学数据管理人员根据科研项目制定与其研究领域相符的数据共享策略，以最大程度地发挥科学数据的有效性。科学数据管理是为科研人员、科研项目提供辅助支持，并根据项目需求，协助科研人员选择和实施满足多方利益的共享策略。

　　对于科学数据管理的后期，实现数据的共享再利用是科学数据管理的目的。基于管护中期流程中对于数据的收集→汇交→组织→描述→存储一系列过程，保障数据安全，实现传播、共享再利用是一个数据生命周期的最后阶段。对于生命周期而言，是一个循环过程。在后半段，融入新的科学数据也是生命周期的一个环节，基于已有数据，再添加新的数据，周而复始，形成良好的数据生态环境。目前我们对于期刊文献的引用已经成熟，保证了期刊作者的知识产权，引用模式的规范成熟已经为科研人员提供了良好的科研环境。但是数据归属权的引用尚未解决，还需要从最开始的政策制定方面切入，保障数据的所有权。数据所有权的清晰可以解决数据共享问题。每一份数据的引用可追溯、可查询，可作为科研成果服务科研人员。在数据生命周期中，若是解决了所有权问题，那么这将是一个成熟的数据生命周期。

基于数据管理系统平台，加强对科学数据的管理，尤其关注数据质量，应注意以下几个方面。

① 数据来源是否规范合法、是否具有数据版权；

② 数据的兼容性是否良好，是否采用 AJAX、HTTP、XML 等标准；

③ 数据文件是否可以执行，DOI 的标注是否采用了 XML 等支持耦合的编辑系统（Ferroa N et al.，2011）。

数据质量的高低，影响着生命周期的循环过程以及科学数据管理的质量。因为我们在研究中必须明确数据质量规范标准，只有从源头把握，才可顺利展开相关管护活动。

基于生命周期理论数据管护后期流程详细解析，通过规范数据使用、明确用户权限以及法律政策关于数据版权的约束，解决了数据存储安全以及归属权的问题，通过科研人员的有效管护以及借鉴英国数据管理中心 DCC 关于数据共享的政策规范，有助于解决国内数据共享效率低的难题。

4.3　本章小结

本章以生命周期理论作为研究视角，调研了发达国家目前较为常用的科学数据生命周期模型，英国数据管理中心 DCC 模型最为经典并受到广泛应用，对该模型从内容要素及流程框架进行了深层解析。将科学数据生命周期的管护流程分成前期—中期—后期三个阶段，前期主要是数据管理计划及管理内容的制定、管护方案的设计，以前对用户需求进行调研，为中期数据的组织描述打下良好基础；中期针对数据的采集、汇交、组织、整合、描述，基于生命周期理论以及数据平台的开发进行管理；管护的核心在于数据的组织描述，采用成熟的都柏林核心元素集对数据进行描述有效解决了该问题；后期基于前两阶段的研究基础对数据进行安全存储，借鉴英国数据管理中心 DCC 的管理策略对数据有效共享，规范数据所有权，使一个生命周期的全链条式管理达到最优效果。

5 基于生命周期的农业科学数据全流程管护模型研究

数据密集型研究作为新型范式，目前处于高速发展的态势。科研基础设施已经由传统的网络、文献、实验室等发展到了包括数据在内的科研支撑系统，因此科学数据管理模式的研究迎来了机遇。科学数据的管护全过程从开始阶段的数据采集汇交到后来的数据组织描述、整合以及最终的安全存储、共享再利用在研究实践中可能涉及的流程设计、关键要素、政策决定因素及其内在关系。本章节研究内容是提出了一种嵌入式模型，遵循生命周期理论，参考经典的英国数据管理中心 DCC 模型，嵌入科研活动、学科馆员以及所涉及科研人员、数据管理平台的综合性适合农业科学数据特点的模型研究。

5.1 农业科学数据全流程管护模型的需求与设计原则

为了发挥科学数据的作用，数据管护平台的构建是基础支撑的一部分。与此同时，以科学数据生命周期为理论基础，构建数据管护模型，目的是实现数据的传播、共享以及再利用，提高数据的价值。结合科研院所的特点，形成了农业科学数据管理的模式，如图 5-1 所示。

该模式的提出以科学数据为基础，以数据管理系统为支撑，分为数据的采集提交模块和分析利用模块两个环节（陈林，2017）。在数据采集提交环节中包括

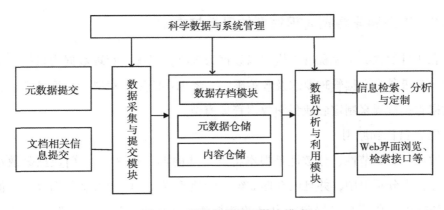

图 5-1　科学数据管理基本模式

元数据的提交和文档信息的提交；在数据的分析利用模块中包括门户界面的浏览和检索接口以及信息检索、分析定制服务等部分。在两个模块之间的环节是数据以及元数据的存储（黄筱瑾，2013，2009）。同时覆盖了元数据录入、数据资源关联以及个人事项管理等功能。农业科学数据管理模块的主要功能，是有效访问存储系统的科学数据，做到可检索、可溯源。对于不同类型的科学数据，科学数据用户实现对其分级分层的访问检索。

5.1.1　农业科学数据管理解析

农业科学数据管理的范畴十分宽广，从数据产生之初制定管护计划即是科学管护过程的开始，促进数据的共享利用是根本目的。实现数据的价值增长，使原有的科学数据可共享，可再利用，可溯源。针对科学研究过程中的数据，扩宽科学数据的使用范围，推动科研进展为目标。

农业科学数据的共享再利用是科学数据管理过程后期的重要环节，作为管护过程的最终阶段，共享再利用来源于前过程的累积。本研究内的管护过程以生命周期理论为依据，利用数据整合组织的方法，构建农业科学数据的管护模式（钱鹏，2012）。

5.1.2 农业科学数据管理模型的目标与需求

农业科学数据全流程管护模型以数据为核心，以规范管理数据为目标，遵循各类、各级科学数据管理要求及政策限定，考虑科研用户对科学数据的需求，通过数据管护过程来制定农业科学数据管理模型。

（1）目标和原则

地域性、季节性、分散性是根本特点（陆丽娜，2018）。当前数据分散在各个地方，十分不集中，并且没有形成统一管理的模式。明明很多数据存在，但就是无法得到利用，自己局限在自己的数据集，而他人无法与自己获得关联。因此，需要构建一个科学的、有序的、合理的农业科学数据管理模型，以此对复杂异构、存储分散的海量农业科学数据资源实行统一流程化管理（迟玉琢 等，2016）。农业科学数据的特征十分明显，在管护过程中要侧重、遵循农业学科的特性。

基于科学数据生命周期的理论，以当前数据难以汇交，需要寻找一个突破点，以此为启示搭建基础设施平台，为科研工作者解决农业科学数据管理过程所产生的各种现实问题，服务农业科学研究。全流程化的管理模型可视为管理科学数据的一个突破点（孙奇，2019；储文静 等，2019），每一个流程明确了，负责人清晰了，各司其职，那么数据自然也就行之有效地管理起来了。把每一个环节固定，依据政策以及本学科数据的特点，对数据所在的科研项目、科研活动规范管理。从数据的制订计划到收集整合到数据利用，做到全流程的良好衔接（周清波 等，2018；张瑶 等，2015）。

农业科学数据管理嵌入农业科研活动及科研项目，农业科学数据管理模式的构建遵循以下四项重要原则：求真性原则、系统性原则、时效性原则以及精准性原则（黄如花 等，2017）。

①求真性原则。对原始采集的农业科学数据进行如实记录，并且精确标引，为了后期对数据进行处理打好基础，做好原始累积，对原始数据做到易查找、可

溯源、可查证。

② 系统性原则。农业科学数据全流程的管护过程可以看做一个小型循环闭环系统，作为核心的数据与其他学科间即外部环境的科学数据，依托科研项目或者科研活动，不间断地进行着更新迭代。原始数据在闭环中有效管理，新融合的数据与之有机结合。

③ 时效性原则。农业科学数据随着数据的季节性变化是动态性变化的，这也是农业科学数据的特征之一。在数据生命周期每一个嵌入的科研阶段的数据都具有时效性，经过生命周期的循环，冗余数据被淘汰，有价值的数据被甄选入新的数据库，进行数据价值提升再利用（黄鑫等，2016，2017）。

④ 精准性原则。农业科学数据对精准度的要求日渐提升，从本质上提升数据质量。在数字农业科研的高速发展态势下，科学数据的精准度是提高农业水平重要的一个环节。

（2）农业科学数据管理需求分析

农业科学数据具有异构性、量级巨大，数据从收集汇交到整合存储到挖掘分析，最终实现共享利用，每个过程数据工作者、科研人员对数据的需求均存在并且不尽相同。在初期也就是数据的收集阶段，科研人员注重的是数据来源的分布、数据质量的优劣性、权威性以及汇交方式；在中期也就是数据的整合阶段，科研人员注重的是数据的存储方式、组织方式；在后期也就是数据的利用阶段，科研人员注重的是数据的安全性、产出标识以及明确数据归属权（孙奇，2019），便于之后对数据合理、合规地利用。

农业科学数据管理功能需求分析包括对农业科学数据资源进行数据收集汇交，组织整合，挖掘处理，共享再利用，因此基于合理的全流程管护体系，对数据资源提升其价值，实现有效共享，明确数据每一个环节的存在机制，依托科研项目，落实负责人是结果数据管护的一个核心问题，宗旨是围绕科学数据展开规范流程的管护措施。

5.1.3 农业科学管护流程

本研究的核心数据，以及关于数据的全流程管护模型，借鉴了英国数据管理中心 DCC 模型，基于生命周期理论，结合各类数据管理政策对科研项目、科研过程、科研活动、数据管理系统平台以及科研人员进行嵌入研究，如图 5-2 所示。

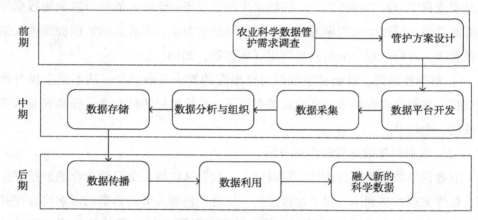

图 5-2　基于生命周期的流程图（前期-中期-后期）

农业科学数据管理流程包含前期的策划准备，例如深入农业科研工作者的需求分析、广泛获取吸收数据专家的意见建议等；中期包括设计农业科学数据管理平台框架、收集汇交、组织整合、安全长期长效存储；后期包括数据的共享等，原始数据与新的数据有机融合，产生新的农业科学数据，对于新的数据集再进行管护，农业科学数据管理工作是不断更新、升华与持续进行的（陈桂芬 等，2019）。

（1）前期管护

农业科学数据管理的前期主要核心是制定数据管理计划，基于农业科学数据的特征，数据工作者对数据的产生者、使用者、管理者进行多方位、多角度、多维度的需求调研，设计整体数据管护方案。将前期的需求调研分析、调查报告，按照系统平台分类上传至管护平台，包括相关科研人员、科研项目、知识文档、基础设施设备等，达到前期农业科学管护的目的，做到为后续阶段的数据管护奠定基础（陈媛媛 等，2018）。

（2）中期管护

农业科学数据管理的中期主要核心是数据处理，完善科学数据的存储管理体系。实现科研工作者对各类农业科学数据的收集汇交。设置数据汇交模块或者汇交系统，系统避免复杂，针对数据汇交功能深度开发，以便捷汇交数据为出发点以及目标，进行系统数据汇交的工作人员熟练掌握系统的使用。对于汇交农业科学数据采取实时操控，设计汇交系统需广泛调研基层工作者的需求。数据的组织、整合、描述基于汇交及存储功能。

（3）后期管护

农业科学数据管理的后期主要核心是数据共享再利用，同时包括对数据系统平台的持续维护。农业科学数据被未来的科研工作者进行再次使用分析，实现科学数据的共享再利用，最终目的是实现基于生命周期的农业科学数据的管护。前期与中期的管护铺垫实质是为了实现数据的再利用，前、中、后三个阶段完成全生命周期流程的管护。

5.1.4　农业科学数据管理要素框架

农业科学数据资源是一个整体，并非一个简单的组成部分，包括数据本身、相匹配的数据服务、工具及农业科学数据管理利益相关者（迟玉琢 等，2018）以及管护环境。该环境并非传统意义的环境，包括管理平台、基础设置、人员素质、专业素养等。各个要素之间的关联概括为：基于良好的规范的数据管护环境以及政策，科学数据资源应用于并且服务于科研人员及数据用户，如图5-3 所示。数据提供方即数据管理机构或者数据管理人员，提供所需的数据，并且提供相应的数据管护服务。在循环过程中，数据以及用户对数据的需要依旧递交给数据管理机构或者人员，这是数据管护环境要素的核心。

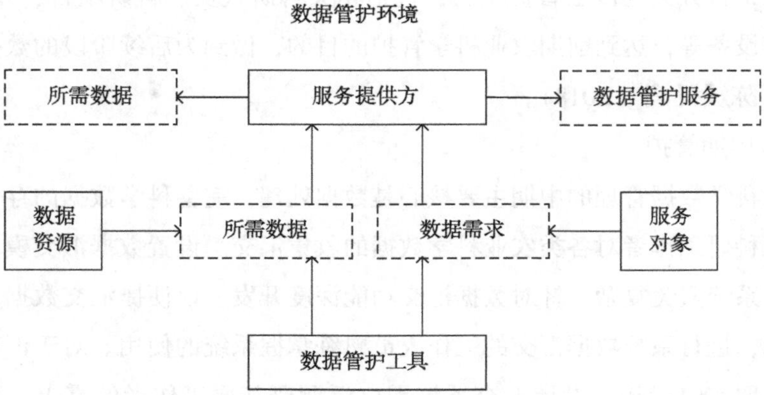

数据管护环境

图 5-3 农业科学数据管理要素集

（1）管护要素集合

① 农业科学数据资源。管护的核心内容是数据，同样管护对象也是数据。数据质量的来源以及其权威性与开展科学数据管理的成效密不可分。

② 农业科学数据管理环境。管护环境不是传统意义的环境，事实上国家各级政策的建立与实施，当前农业科技发展的态势，农业的各方面发展，例如经济、规划环境、信息技术以及生物信息技术等都归属于管护环境。

③ 农业科学数据管理服务。数据服务的效果是管护的最终目标（杨传汶 等，2015）。数据服务（Data-as-a-service，DaaS）[①] 是主要的服务形式。由基础设施即服务（Infrastructure-as-a-Service，IaaS）[②] →平台即服务（Platform-as-a-Service，PaaS）[③] →软件即服务（Software-as-a-Service，SaaS）[④] （罗孝蓉，2019）→到数据主导服务的形式，如今数据已发展成基础设施的范畴。

④ 农业科学数据管理工具。信息技术在数据收集汇交、存储组织、数据共享再利用发挥着至关重要作用，信息技术的选择直接影响数据处理的质量及结

① https：//baike. baidu. com/item/DAAS/7378261？fr=aladdin
② https：//baike. baidu. com/item/IaaS/5863121？fr=aladdin
③ https：//baike. baidu. com/item/PaaS/219931？fr=aladdin
④ https：//baike. baidu. com/item/SaaS

果，合理地选择信息技术加速推进农业科学数据管理工作。

⑤ 利益相关者。数据管护流程所涉及的利益相关者众多并且复杂，在此只关注科学数据产生者、科学数据使用者以及科学数据管理者三方的主要关系。

图5-4为农业科学数据资源管护的三个阶段，即科学数据采集、科学数据整合和科学数据资源三部分构成。

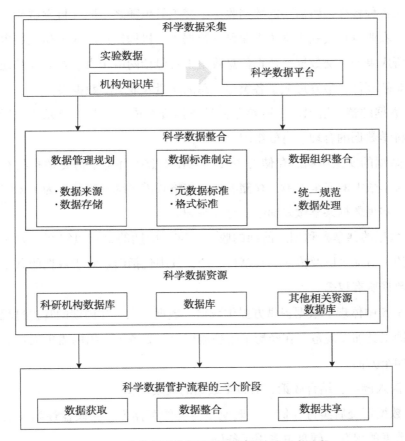

图5-4 农业科学数据资源数据管护的三个阶段

（2）管护功能要素分析

农业科学数据全流程管护包含以下功能，每一个功能都发挥至关重要的作用。数据收集功能是基础，数据的存储功能是夯实数据集，组织整合数据的功能决定数据管护的目的，即共享再利用的程度。一个完整流程的模型通常要明确核心，明确每一个环节的职责以及设置目的，功能要非常清晰，对于每个流程的交叉点要说明责任关系。以下就每个环节的职责以及设置目的进行阐释。

① 数据的收集汇交。每一个数据集特征不同，分为同源异构、不同源异构，来源存在各种各样，所需要的数据收集汇交工具也随之不同。科学试验产生大量的数据、农业科技文献丰富了农业科学数据集，机构知识库的迅猛发展也同时增加了科研成果的汇交数据。数据信息收集工具包括网络爬虫、在实验基地的各类传感器等软硬件，最终形成了各类型汇总的海量农业科学数据集。

② 数据的整合组织。主要参考科学数据资源描述规范以及元数据标准，实现农业科学数据的合理、有效组织。

③ 数据的安全存储。存储的主要问题在于数据环境下海量数据的存储，以及农业科学数据的安全保障，存储的形式与格式需要统一规范，为了未来提升数据价值，实现数据共享做好铺垫、打好基础。

④ 数据的共享再利用。前期的收集汇交、中期的整合组织都是为了后期实现数据的价值提升以及传播、共享再利用，其中包括国家对于数据的共享支持政策以及数据所有权等。

图 5-5 中体现了数据提供方提供数据，数据进入生命周期的管护过程，期间对于管护工具加以规范。在经历了管护流程后，服务于数据的需求人员。具体包括以下四个方面。

① 深入调研，结合政策，对科学数据的收集汇交。

② 数据汇交后实行存储，一般使用传统的存储方式。硬盘逐渐发展到云存储实现数据的保存，硬盘更多用于备份。

③ 采用元数据规范数据信息资源，便于数据进行组织。

④ 通过对科学数据的整合，利用信息技术进行数据挖掘，结合元数据标准，对科学数据进行合理、安全存储。

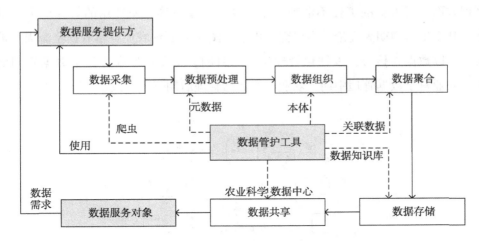

图 5-5 农业科学数据管理的各个元素关联

5.2 农业科学数据全流程管护模型的构建

我国对农业科学数据管理虽起步较晚，但已研究数年，保障农业科学数据在未来的研究中可以被检索到是任何科研项目所关注的焦点，以生命周期理论为基础，提出农业科学数据管理模式。科学数据的管护全过程从开始阶段的数据采集汇交到后来的数据组织描述、整合以及最终的安全存储、共享再利用，在研究实践中可能涉及的流程设计、关键要素、政策决定因素及其内在关系。本章节研究内容是提出了一种嵌入模式的流程模型，遵循生命周期理论、借鉴参考经典的英国数据管理中心 DCC 模型，嵌入科研活动、学科馆员以及所涉及科研人员、数据管理平台的综合性，适合农业科学数据特点的模式研究。

5.2.1 农业科学数据管护生命周期模型

英国数据管理中心 DCC 模型的核心在于科研活动的过程，所描述的数据管护行为围绕科研过程，部分现有模型缺乏对科学数据管理流程的细化，以至于在管理方面科研人员的责任不清晰，数据划分也不明确，使数据的管理产生了壁垒。基于生命周期为理论，本研究提出了如图5-6所示农业科学数据全流程管护模型，以数据为核心，以细化管理流程为目的，主要包括农业科学数据管理前期、农业科学数据管理中期、农业科学数据管理后期三个阶段。

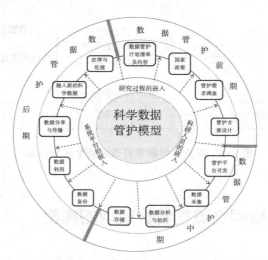

图5-6 农业科学数据全流程管护模型

模型最外层将数据管理按阶段分为前期、中期、后期三个阶段，不同于英国数据管理中心DCC模型的未划分，按阶段划分对于数据管理流程更为清晰。研究过程、科研人员以及系统平台在最内圈，旨在三者的嵌入贯穿数据管理的全生命周期。数据流程共分为13个阶段，前期主要包括国家政策、数据管理的计划及内容、调研以及管理方案的设计；中期主要是针对数据的汇交、组织管理；后期包括数据归属权以及分享传播等科学数据管理的最终目的。

5.2.2 农业科学数据管理的前期

制定合理、科学的数据管护计划是基于生命周期对数据进行全流程管理的基础，包括遵循国家各级政策以及基金资助机构的要求、数据管护计划清单以及内容，包括如何收集数据、如何存储、如何利用，以及所涉及的规范、伦理和法律问题等内容（郭佳璟 等，2019）。

（1）国家政策

国家颁布了相关的科学数据管理办法，各省级各科研机构也相继出台了针对某个领域或者各自机构的数据管理政策，在农业科学数据管理的前期，均需要遵守国家以及所属机构等不同上级部门的数据管理政策；同时对于资金资助机构尤其是国家计划资金的资助部门的政策规定同样需要遵循。

（2）数据管护计划清单

科研工作人员在科研项目启动与前期提交数据管理计划清单，全面考虑清单内容，数据计划清单将帮助科研工作在科学数据生命周期内维持、保护、提升科学数据的实际价值。

（3）数据管护计划内容

数据管理计划要保障数据管理的全过程在科研项目初始阶段需要被计划在内，并在项目过程中持续地管护（陈天恩 等，2018）。数据管理计划大多基于科研项目，那么项目的介绍说明以及所涉及科学数据的情况，资金的计划分配情况需要开端介绍清晰。项目之中对数据整合方式、可能面临的科学数据问题，是否可以解决以及是否需要延伸到下一个项目需要解释清晰。

5.2.3 农业科学数据管理的中期

数据的组织整合、安全存储以及数据的挖掘分析的程度影响着数据的共享效果以及数据的利用价值。在数据组织整合阶段，文件的来源、形式以及暂存格式都需要考虑在内，数年后该格式是否会被弃用？是否具有可持续性，是否是最合理的存储方式都需要合理科学的计划。在数据整合阶段，对于同源异构、不同源异构的数据如何保障使用合适的组织形式使得数据有效关联，都是数据管护中期要考虑的核心问题。利用元数据标准，给已有的数据添置标签是一种可以被更快检索到的方式，同时，元数据标准也是为数据存储提供良好的模式。当前数据类型多种多样，除了传统的数值型，有更多的是视频、音频等多种形式，数据管理人员同样可以利用元数据进行组织整合这个多媒体数据集合。

数据的安全存储是数据管护流程的重点环节，它决定着数据未来的利用价值。目前存储形式早已不局限在硬盘存储，使用最多最便捷的是云盘存储，硬盘同时备份，对于数据的安全性是研究的重点。数据管理人员有责任有义务保障作为科研成果的数据的机密性，同样相关涉及项目、项目人员的机密性。欧美发达国家以英国为例，牛津大学（University of Oxford①，UK）在用的数据安全措施有效地降低了数据丢失、产权被盗等风险（许鑫 等，2016）。

5.2.4 农业科学数据管理的后期

数据管护的后期主要是基于前期的制定数据计划、政策解读，中期的数据组织整合、存储分析才有了该流程。为了使科学数据有效地反证实验验证，提高科学严谨性，在数据科学、信息技术高速发展的现在，实现数据的开放共享同样作为数据价值提升、知识发现的新型渠道。以欧洲发达国家中的英国为例，部门数据管理机构或者资金资助机构明确提出了研究中科研数据、关联数据、科研成果产出数据都要存储在指定的机构，例如英国经济社会数据服务（Economic and Social Data Service，ESDS）和英国自然环境研究委员会（Natural Environment Research Council，NERC）。值得一提的是，牛津大学（University of Oxford，UK）的档案馆（the Oxford Uniyersity Research Archive，ORA）将由 Databank② 负责。

数据所有权的问题一直是全球数据学科领域关注的焦点，参照期刊文件已经成熟的生态圈，每一篇文献的引用都有明确标识，既推动了科学数据的发展又保障了文献作者的所有权。但是数据生态环境尚未形成，对于研究中的数据，国际很多数据机构组织在数据管护初期便提出了明确要求，在制订计划时要注明数据

---

① https：//www.ox.ac.uk/
② https：//data.worldbank.org/

的存储方式，开放共享的层级等；对于作为科研成果的研究数据，要明确归属权，在被引用时要注明数据来源，以此保障数据所有权，达到法律及政策要求。对于涉密数据，各国的管理方式有所不用，共同点是设置不同的访问权限，并适当引用信息技术，区块链技术①就很好地解决了数据留痕的问题。

5.2.5　嵌入式学科的述评

图书馆员加入科研项目团队、嵌入科研用户计算机获取信息工具等。当前对于嵌入式科学研究并不常见。科学数据的研究是动态的、交互的过程，涉及的科研项目在每一个流程中嵌入科研人员、科研产品、科研活动、科研项目、数据管护平台、科研服务等要素，这是一种新型的研究方式（许鑫 等，2016）。根据不同领域、不同特点、不同学科的科研项目，科学合理嵌入以上与科学数据相关的因素，科学数据以及科研产出在未来实现良好的共享和再利用（孙奇，2019）。

基于科学数据管理过程，实现科研人员、科学数据资源与信息工具的相结合。针对 e-Science 的发展，科学数据管理与研究实质上是跨学科研究、嵌入式研究相结合，所以嵌入到科研用户所在的科研项目、科研过程中，提供针对性研究方案，便于科研用户发现、获取以及利用所需的科学数据。

嵌入式学科研究的科学数据管理需从层次结构设计、科研环境构建、科学数据组织以及根据不同的科研活动、科研项目开展数据管护研究。科学数据有效的整合、组织、存储是前提，实现科学数据的共享再利用是目的。嵌入式学科通常基于数据管护平台，嵌入科研项目及科研活动，与数据管理人员、数据产生者、数据使用者密不可分。国内学者对嵌入式学科的理解和科学数据管理的交叉研究都有着一定的理解，在概念延伸方面有着初步积累，但就如何在嵌入式环境下开展科学数据管理研究仍需要进一步探讨。

---

① 　https：//baike. baidu. com/item/%E5%8C%BA%E5%9D%97%E9%93%BE/13465666？ fr = aladdin

5.2.6 嵌入式研究视角下的科学数据管理

（1）科研过程嵌入视角下的科学数据管理

科学数据管理的生命周期与科研活动的进行相匹配，数据管护机构在开展相关研究时，充分了解每个数据生命周期阶段的用户在数据管护上的需求，制定合理的数据管护计划。科研过程的嵌入研究体现在各个科研活动、科研项目上，针对异源、异构的数据类型，对数据管护的需求自然不尽相同。数据管护工作要真正嵌入到科研过程中才能满足不同科研需求，在弄清楚产生科学数据的特点、类型、重要性、安全性，由数据科学家、数据专家指导制定出切实有效的数据管护计划，为科研数据提供管护服务。对于不同科研过程、科研活动、科研项目、科研活动中产出的数据，并非都需要长期长效保存，根据不同情况加以科学处理。

（2）科研人员嵌入视角下的科学数据管理

科研人员的嵌入和科学数据中心等相关机构的嵌入对于所在科研项目至关重要，数据管护的开展也与具体科研项目的特征相关联。学科馆员、数据科学家、数据中心科研人员融入其中发挥的作用是至关重要的（曾文 等，2018）。部分相对小型项目的科学数据则可能会被存储到机构库或自建的存储系统中，此时学科馆员、数据科学家、数据中心科研人员起到监督、监管的良性作用（陈财柳 等，2020）。对于不同科研过程、科研项目，专业的数据科学家的嵌入十分重要，他们可对数据的管护流程、管护成效发挥较好的指导作用。

（3）科学数据管理平台嵌入视角下的数据管护

数据平台作为全流程管护的支撑系统，包括提供科学数据的提交、浏览、检索、下载、用户管理等功能。在数据管护平台设计、建设、测试、校验过程中，数据存储机构与数据管护平台需合理有效协作，实现科学数据资源的互补利用。

5.3　农业科学数据全流程管护模型与英国数据管理中心 DCC 模型的比较

本研究提出的农业科学数据全流程管护模型，基于生命周期理论，对数据管护流程全链条式管理。不同于英国 DCC 生命周期模型对于全过程的未划分，是更加细化的概念模型，分为了前期→中期→后期 3 个阶段，13 个流程，以此为框架，对农业科学数据的管护进行全面梳理，模型对比如图 5-7 所示。

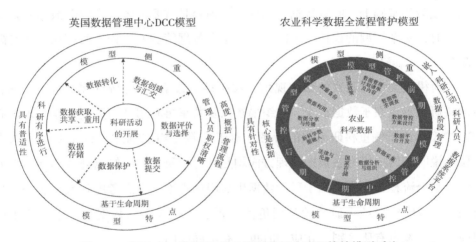

图 5-7　英国 DCC 模型与农业科学数据全流程管护模型对比

英国数据管理中心 DCC 生命周期模型的设置是从概念的初始化到管护周期一个迭代的过程模型，是针对数据监管和维护的行为进行高度概括，核心是科研活动的开展。英国数据管理中心 DCC 模型侧重于科研活动的有序进行，科研活动有助于数据创立者、管理人员以及后期对已有科学数据进行分析的人员明确自己在流程中所处的位置。英国数据管理中心 DCC 生命周期模型允许将各个流程映射到实际科研活动上，有助于数据建立者、数据管理人以及数据重用者明确自己在生命周期过程中的职权。收集汇交、组织描述、共享重用每个过程都明确数据管理人，有效推进科研活动，这也是该模型构造的侧重点。

　　为了解决农业科学数据在全生命周期流程上的管护问题，农业科学数据全流程管护模型的构建目标更为具体。英国数据管理中心 DCC 模型的构建目标就是为了帮助制定数据管理活动方案、定位角色与职责、构建标准与技术框架，任何模型，其要素的描述存在差异，但是"数据管理计划""收集汇交""数描述""存储"是必备流程。以上两种模型都存在各项流程，英国数据管理中心 DCC 模型传达的概念化治理数据内涵是规划数据创建，本质就是执行数据管理计划。农业科学数据全流程管护模型的"数据管理计划"设置在管护流程的前期。在遵循国家政策的基础上，制定数据管理计划及内容是首要内容，决定着数据管护质量。同时，两个模型的设计均为圆环，暗示了数据管护的流程之间存在交叉与融合现象。

　　针对模型类型对要素的影响视角，农业科学数据全流程管护模型基于数据，面向科研，重点在于数据汇交、组织描述以及共享再利用，而英国数据管理中心 DCC 模型偏向于侧重科研流程的管理，对于"数据组织描述"的重要性不放在首位。说明了两个模型在数据管理方面均是针对科研，只是侧重环节不同。农业科学数据全流程管护模型基于科学数据生命周期理论，重点考虑到数据在一个科研项目完成时对后续再研究的利用价值，属于"融入新的数据"环节。鉴于构建模型的出发点有所区别，在应用时也会有不同倾向。

　　针对模型要素的内涵视角，适用对象的影响尤为重要。农业科学数据全流程管护模型的要素具体针对农业科学数据，虽然农业学科下属各类领域，但是整体来看受到场景所产生的影响并不大。英国 DCC 模型涵盖了科学数据收集的所有情况，包括数据的描述性、结构性、元数据的创建。同时，要素内涵还会受到各类型场景的影响。英国数据管理中心 DCC 模型的 7 个关键流程明确了检查清单（Checklist），便于应用机构制定以及规划数据管理活动。农业科学数据全流程管护模型尚未具体涉及固定的检查清单（Checklist）。

　　针对科研管理活动的视角，其应用人群主要涉及科研管理人员、图书馆员、信息技术开发人员等。不同类型人群在模型中的应用需求不一样，应用方式随之变化。为了满足各类人员在科研活动中的需求，模型提出的辅助资源也会不同。英国数据管理中心 DCC 模型自主研发了数据管理 DMPonline 工具，帮助有效地创建、审查、共享机构和资助者需求的数据管理计划。农业科学数据全流程管护模型在制定数据管理计划时候，依据农业科学数据的特点，可借鉴英国数据管理中心 DCC 模型使用 DMPonline 工具。

表 5-1　农业科学数据全流程管护模型与英国 DCC 模型对比分析

英国数据管理中心 DCC 模型		农业科学数据全流程管护模型
模型管护过程未划分		前期—中期—后期
模型管护流程	7 个阶段	13 个阶段
	数据的创建与汇交	前期：国家政策
	数据的评价与选择	数据管护计划清单及内容
	数据的提交	数据的需求调查
	数据的保护	数据管护方案设计
	数据的存储	中期：数据平台开发
	数据的获取、共享、重用	数据采集
	数据的转化	数据分析与组织
		数据存储
		后期：数据备份
		数据利用
		数据分享与传播
		融入新的科学数据
		法律与伦理
模型核心科研活动的开展		农业科学数据
模型侧重科研有序进行		流程管理
基于科研过程管理人员的		基于生命周期侧重数据在
职权清晰		每个阶段的管理
模型特点高度概括管理流程		嵌入科研互动、科研人员、数据系统平台
具有普适性		具有针对性

表 5-1 总结了农业科学数据全流程管护模型与英国数据管理中心 DCC 模型。模型提出的最终目的是有助科研人员做好科学数据管理工作。模型的针对性及科研人员在数据管护方面的涵养决定了数据资源的管护程度以及模型利用的程度。根据模型应用人群的个性需求，有针对性地提供各种辅助资源，是模型提出机构的工作之一。

通过对比分析英国数据管理中心 DCC 模型和农业科学数据全流程管护模型，可知两个模型都是基于科学数据生命周期理论，并且面向科研过程、科研活动及人员，主要目的是对科学数据进行更好的管护；英国数据管理中心 DCC 模型是指导性框架模型，具有普适性，在应用时需进行细化改造；农业科学数据全流程管护模型是英国数据管理中心 DCC 模型在农业科学数据领域的具体应用和扩展，可以为农业科学数据的管护提供更为精准的核心借鉴。

5.4 本章小结

本章主要论述了基于生命周期的农业科学数据全流程管护模型的构建，解析了农业科学数据管理的需求、目标；将流程解析为科研人员到数据存储处理，最终服务于科研用户；提出了数据管护的要素集合，整合数据资源用于数据的组织描述，数据管护需求来源于用户；使用科学合理的数据管护工具以期数据管护流程更加清晰。数据的最终遵循生命周期理论，嵌入科研人员、科研活动以及数据管理平台构建了嵌入式农业科学数据全流程管护模型。嵌入式学科的引入是与英国数据管理中心 DCC 模型最大的区别，希望通过该模型的建立，将数据管护更加深入科研项目与人员，更好地提高数据管护质量，从而达成数据的共享、传播、再利用。对农业科学数据全流程管护模型与英国数据管理中心 DCC 模型进行了详细的对比分析，分别从模型类型对要素的影响视角、模型要素的内涵视角以及科研管理活动的视角三个方面进行了比较分析。

6 农业科学数据管理的实证研究

科研院所是科学数据产生、产出的重点机构，规范人员对数据的有效管理及合理利用，实现数据共享，推动科技发展与创新是最终目的。本研究研究在第三章通过调研中国农业科学院国家农业科学数据中心以及下设分中心的科学数据使用情况，从调研结果看科研人员对政策的需求较为强烈，获取数据较为困难，多以人际关系为主要方式，数据的获取率低，共享程度更低。随着各级科学数据管理政策的颁布，农业科学数据管理切实从实际出发，从构建的原则、目的、框架、主要内容等几个方面来构建我国农业科学数据管理体系，通过对中国农业科学院农业科学数据管理实施的设计，探讨数据管理模式和技术线路的实现。

6.1 以中国农业科学院为例介绍科学数据管理基本情况

以中国农业科学院为例，开展了农业科学数据管理的实证研究。中国农业科学院拥有 36 个直属研究所与 9 个共建研究所，是中央级综合性农业科研机构。国家农业科学数据中心是科技部首批认定的 20 个国家级科学数据中心之一，由中国水产科学研究院、中国热带农业科学院等单位共同参加，依托中国农业科学院农业信息研究所实施农业科学数据的管理。

1999 年，建设了"农业科技推广数据库"，启动了农业科学数据库的建设；2002 年，开展"农业科技基础数据库建设与共享"工程；2005 年正式开展了农业科学数据共享中心的建设工作；2009 和 2011 年分别通过了科技部和财政部两部委的共享评议与联合评审；2015 年农业科学数据资源建设突破 TB 级别；2018年完成科学大数据云平台与高性能计算环境搭建。

以满足国家和社会对农业科学数据共享为目的，以数据源单位为主体，以数据中心为平台，通过收集、汇交、组织、整合等方式汇集国内外农业科技数据资源，进行规范化加工处理，分类存储，以期形成覆盖全国，联结世界，按照"开放为常态、不开放为例外"的原则，全面提升农业科学数据中心的管理和服务水平，将中心建设成为硬件设施一流、科研队伍齐全、研发能力强、高效服务、具有显著影响力的国家级科学数据中心。

国家农业科学数据中心门户网站以数据为本，设置发现数据、数据资源、专题数据、数据汇交、数据服务五大模块，如图 6-1 所示。

发现数据模块可按作物科学、动物医学、热带农作物等学科分类检索数据集。数据集分为学科数据库、汇交数据库以及数据论文等类别；数据共享方式分为在线完全共享以及协议共享；数据格式分为文本、数值、图像音频等形式。数据资源模块根据更新时间、访问量以及下载量进行分类。专题数据以省域、作物进行分类；数据汇交模块体现了期刊论文数据以及其他数据的汇交流程；在数据服务模块，由参考咨询服务、数据挖掘分析以及数据工具三个角度为读者提供数据服务。

6.2 中国农业科学院科学数据管理实践

中国农业科学院自从 2019 年 7 月颁布《中国农业科学院农业科学数据管理与开放共享办法》以来，着力实施对海量农业科学数据的管护实施，从政策法规，日常科研管理流程以及数据管理平台上着手对政策加以执行，对数据加以管护。

图 6-1　国家农业科学数据中心门户网站概况

6.2.1　中国农业科学院科学数据全流程管护模型

　　基于第四章科学数据生命周期理论以及第五章对农业科学数据全流程管护模型的研究，针对中国农业科学院管护现状，提出了如图 6-2 所示的中国农业科学院农业科学数据全流程管护模型，该模型包含了数据管护前期、中期、后期三部分，核心是农业科学数据，将数据管护细分为 13 个阶段，遵循数据生命周期理论，实现在管理过程中嵌入科研项目、科研人员以及数据平台即中国农业科学院机构知识库、国家农业科学数据中心平台的全链条式的管理模式。

　　中国农业科学院农业科学数据管护流程所涉及科学技术部、农业农村部、中国农业科学院对于数据的管理政策，农业学科领域内各类别科研人员对数据的需求调查，农业科学数据生命周期的全过程以及数据归属等所涉及的版权问题（李

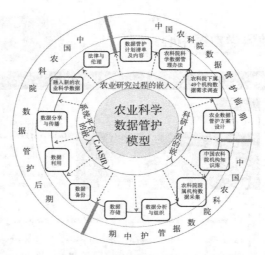

图 6-2　中国农业科学院农业科学数据全流程管护模型

阳 等，2020）。每一个环节与科研项目紧密结合，数据的良好管理促进科研项目的推进，项目的执行离不开数据的基础支撑，两者互相嵌入的模式正向推进农业科学数据的发展。基础支撑还包含数据管理平台的构建与使用，中国农业科学院机构知识库联盟的建立以及国家农业科学数据中心门户网站有效维护了农业科学数据的使用、共享（钟明 等，2019）。

6.2.2　制定政策法规

依照《科学数据管理办法》，以科学数据生命周期理论为主要依据，结合农业科研院所的特点，提出了中国农业科学院科学数据管理体系，详情见图 6-3。基于该管护体系，执行 2019 年 7 月颁布的《中国农业科学院农业科学数据管理与开放共享办法》。

根据图 6-3 可知，中国农业科学院农业科学数据管理体系构建主要由职责分工、科学项目的数据汇交与管理、产出关联数据的汇交与管理、开放共享、保障机制以及安全保密问题六大部分组成。《中国农业科学院农业科学数据管理与开

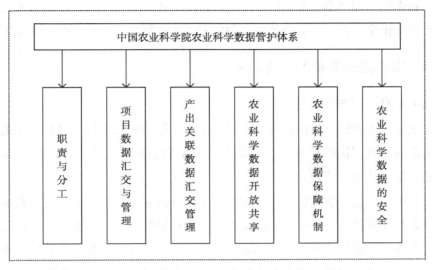

图6-3　中国农业科学院农业科学数据管理体系

放共享办法》严格约束了该体系中每一部分的执行。

在职责与人员落实部分，设置院级领导小组统筹谋划以及在下属研究所设置办公室执行协调各研究所数据的管理，院属各研究机构是独立法人机构，因此作为农业科学数据管理工作的责任主体，三方各司其职。

体系中第二框架是数据的汇交与管理过程，是本研究重点关注环节，研究所科技管理处通常作为项目管理部门，完善验收项目管理机制，将数据的汇交与验收作为项目完成的必要条件，科研项目承担者负责数据前期管理计划的制定，中期的汇交管理以及后期的维护，并按时间按质量向科技管理处进行汇交数据。

体系中第三框架是科研产出关联数据的汇交与管理，依靠于中国农业科学院机构知识库，该知识库采取了院所两级分管模式，院机构知识库给各研究所分别建立了知识库，便于科研成果的汇交管理。

体系中第四框架是数据的开放共享，数据的开放、共享再利用是管护的目标。文献期刊的开放共享已经形成良好的生态，科学数据的开放共享发展还有很长的差距，归属权、引用规范等都是急需解决的问题。

体系中最后的环节是数据的安全保障机制，各研究所及各学科领域的数据中心应加强数据全生命周期安全管理，制定安全审查制度，明确数据安全责任人。

6.2.3 构建数据管护的工作体系

（1）主体责任与职能分工

设置中国农业科学院信息化工作领导小组，是全院农业科学数据工作的领导和决策机构，负责执行并落实"国家科学数据管理办法"[1] 和全院农业科学数据工作的顶层设计与统筹规划。

设置中国农业科学院信息化工作领导小组办公室，是全院农业科学数据工作统筹协调与实施机构，负责落实院信息化领导小组的各项决策部署，并推进落实全院科学数据管理与共享工作。其主要职责：组织、编制全院农业科学数据工作政策与规章制度，部署、规划农业科学数据中心体系；负责发布全院农业科学数据管理与开放共享工作（蔺彩霞 等，2018）。

（2）农业科技项目的数据汇交与管理

具体科研项目负责人应按照数据管理计划开展科学数据规范化整编工作，并及时向项目所属的数据管理机构汇交整合；数据管理部门或者科技管理处、综合处等特定部门对汇交情况进行监督及考核（邢文明，2014）。

中国农业科学院各级各层的科研项目管理部门必须将数据汇交与管理情况作为验收的必要条件，对科技项目数据管理计划的执行情况和产出情况等进行监督评估，建立先汇交数据，再验收项目的机制。

其中涉及国外/境外的合作项目，在国外/境外所产生的农业科学数据，应通过所属研究所（法人单位）汇交，避免数据遗失境外（徐伟学，2019）。

（3）科研产出关联数据的汇交与管理

本院科研人员遵循数据管理办法，同时数据管理部门应多方位全面宣传、督促科研人员自主、自愿、自动将数据汇交到本院机构库，并适时开放共享，确保

---

[1] http：//www.gov.cn/zhengce/content/2018-04/02/content_5279272.htm

科研结论可验证。农科院院属期刊应逐步建立论文发表前数据汇交机制，论文作者在论文正式发表前将数据汇交到期刊指定的农业科学数据管理机构，并在中国农业科学院农业科学数据中心进行备份，并适时开放共享。下属研究所（含中心）应对院属期刊论文关联数据汇交管理与开放共享情况进行监督与评估。

（4）农业科学数据的开放与共享

农业科学数据应按照数据分等级、可发现、可访问、可利用的原则，适时向农科院院内用户开放分级共享。对数据开放实行必要的分级分类，明确各级数据的开放共享条件。

研究所（含中心）应对其所产生和管理的农业科学数据进行必要的分级分类，形成开放共享的清单目录，通过本单位农业科学数据管理机构投权指定的中国农业科学院农业科学数据中心进行开放共享。

（5）农业科学数据的保障机制

中国农业科学院保障全院农业科学数据资源的长期保存和安全备份，制定科学数据相关的通用标准规范，建设运行全院科学数据公共服务平台，推动农业科学数据多学科交叉融合应用。各研究所级分中心应对本研究所科研项目产出数据、论文相关联数据等进行汇交，定期将数据备份至总中心。鼓励有条件的科研机构创办数据论文期刊，为拓展资源的开放渠道提供便利条件[①]。鼓励各类科学数据中心开展科学数据加工及增值服务。

（6）农业科学数据的安全保障

各研究所（含中心）和国家农业科学数据中心、下设分中心、或者数据管理部门应全面提高对于数据的全流程管理，制定科学合理、符合学科数据特征的监管制度与流程，明确数据安全责任人，定期维护数据库系统安全，防泄露、防攻击、防病毒等安全防护体。

中国农业科学院农业科学数据管理的实施可以按三个阶段来划分，如图6-4所示。

---

① http://www.sc.gov.cn/zcwj/xxgk/NewT.aspx？i=20191227204147-946980-00-000

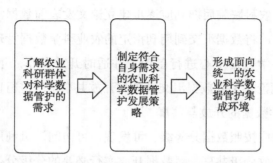

图 6-4　中国农业科学院农业科学数据管理阶段划分

结合自身情况在农业科技领域的实际状况，充分认识到农业科研工作者对农业科学数据管理的切身需求；拟定科学数据计划清单，定制符合本学科的农业科学数据管理发展策略；形成面向统一的管护体系。

构建农业科学数据管理体系是中国农业科学院信息化工作领导小组、中国农业科学院信息化工作领导小组办公室与院属各法人单位高度紧密联系的系统性结构，以协同合作为主旨。所以，在对充分掌握中国农业科学院各院属单位、各学科领域在农业科学数据管理方面的实际需求，嵌入科研过程、科研活动、科研项目、科研人员的规范管理，保障全流程管护的系统性、条理性、合理性。

中国农业科学院信息化工作领导小组办公室作为农业科学数据的产出、农业科学数据的存储，农业科学数据的组织描述具有不可替代的地位，主要构建内容是为各学科领域方向提供支持。

6.2.4　研制数据管理系统平台

数据安全备份的存储使用硬盘、云备份等较为广泛，除机构学科库外，机构仓储也是数据存储的选择，不仅提供存储，又可检索。

科研机构自建机构知识库是趋势所在，有助于存储并实现共享科研产出，同时提高科研效率并对这些研究成果提供保护。以中国农业科学院为例，机构知识库有效服务科研人员。设置 5 个主题内容：下属机构查询、创新团队查询、学者信息查询、科研产出检索以及数据分析。

尤其对于数据分析的板块，十分有利于科研人员的检索查询，如图 6-5 至图 6-8 所示。

图 6-5　中国农业科学院机构知识库

图 6-6 明确分析了 1987—2019 年，农业科技产出的成果量以及被引量。直观反映了科技产出的变化态势。成果量基本呈现逐年递增的趋势，而被引量在 2005 年达到高峰值后，呈现逐年下降趋势。

图 6-7 呈现了农业科技类成果的学科分布情况，稻类、兽医病毒类、棉类的发文量位居前三。直观反映了各类学科领域的科技成果。

图 6-8 分别反映了农业科技成果被收录的情况以及分别在中国农业科学院的下属研究所的成果产出的分布情况。

（1）明确科学数据管理的目标需求

明确科学数据管理的目标需求——以数据工作者、数据管理者的需求为首要，对农业科技工作者而言，农业科学数据的产生、存储形式与设备、数据来源设定以及农业科学数据的使用状况等方面的便捷操作是科研人员最在意的，农业领域的科学数据涉及范围广泛、形式多样，高度专业化的信息技术操作会降低其

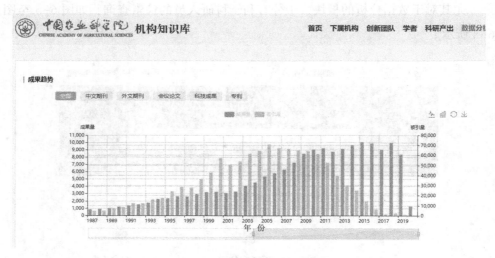

图 6-6   农业科技类成果趋势

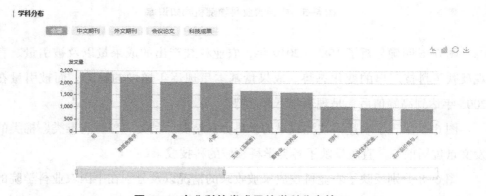

图 6-7   农业科技类成果的学科分布情况

数据管护活动的效率。中国农业科学院在进行农业科学数据管理基础设施的构建过程中，明确"科研工作者的需求是核心，各学科领域之间需要相互协作"的建设原则与目标。本着核心原则，开展了相应的全流程管护需求调查分析，对数据工作人员等进行系统的访谈与需求分析，切实系统地掌握科学数据管理实践情况，作为完善农业科学数据建设与发展策略的基础，明确未来的建设目标与建设

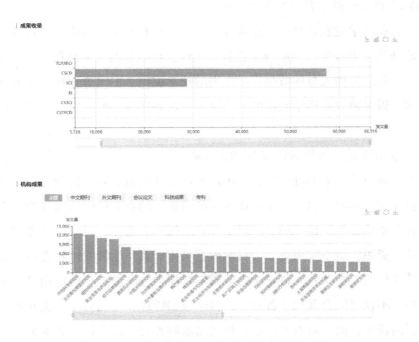

图 6-8　中国农业科学院机构知识库的数据分析介绍

需求。以农业科研人员的需求为首要，以农业科学数据共享为目标。

（2）系统整合农业科学数据资源

从农业科学数据管理的基础设施建设规划到实施，到农业科学数据的采集汇交，到数据的存储、处理、分析，最终到农业科学数据的共享再利用，中国农业科学院明确了农业科学数据的管护并非某一个单位就可决定其发展的内容与形式，构建完善的农业科学数据管理体系，要充分大力协调各单位、各学科领域、各创新团队的联络与协作。任何发展离不开农业科学数据资源的整合，这是管护过程的首要也是核心问题。农业科学数据资源从数据汇交到共享的全过程，需要完善汇交机制、加强元数据标准的规范制定，增加科研人员的数据汇交意识，"制定数据计划、主动提交数据、实现协作共享"是数据资源得到有效利用的理想状态。

（3）完善农业科学数据专业培训体系

中国农业科学院农业科学数据管理以"以农业科研人员的需求为首要，以农业科学数据共享为目标"的原则推进管护工作，科学数据基础性功能的定位、科研工作者及相关工作人员的数据管护能力的缺乏决定了中国农业科学院要加紧完善培训体系以保障农业科学数据的有序发展，从而形成完整的农业科学数据管理体系。

（4）规范农业科学数据管理方案的制定

对于农业科学数据的管护过程，中国农业科学院遵守农业科学数据生命周期理论，嵌入所在科研项目，旨在形成完整的连贯性的农业科学数据管理体系。加强了院属各单位、各学科领域、科研工作者之间的互动性，同时可关联中国农业科学院院外资源，给予院内更多的科学数据可用资源，尽量发挥农业科学数据的科学及社会价值。中国农业科学院农业科学数据生命周期理论的应用具有积极的指导作用，不仅可以合理规划各阶段的科学数据管理，明确科学数据在各个生命周期阶段的任务，而且对农业科学数据的需求调查与建设方针、方案发挥着指导作用，使农业科学数据管理的实践清晰，有据可查，易于展开科研工作。

（5）加强农业科学数据的服务宣传

通过调查了解到很多科研人员并不了解中国农业科学院所实行的农业科学数据管理政策，甚至很多科研人员未听说过农业科学数据管理，很少关注已经运行了多年的数据管护服务网站。以上说明科学数据管理的意识还需要进一步普及；另外，也突显了农业科学数据管理宣传的紧迫性。在各种农业科学数据管理设施建设完成后，中国农业科学院有关部门应通过座谈会、培训等多种方式向科研人员进行宣传与推广，并听取反馈意见。宣传与推广应以嵌入或合作的方式嵌入各项农业领域科研活动，以适合农业科研人员的方式帮助其了解农业科学数据管理。长期以来，小型科研项目所产生的科学数据分散在各个科研人员或课题组中，尚未得到良好的组织、存储、共享再利用，这是一个损失。中国农业科学院以科研人员为中心，基于跨机构合作机制，探索完善科研机构的数据管护方案，真正发挥农业科学数据的最大价值。

6.3　中国农业科学院科学数据管理实践取得的初步成效

中国农业科学院农业科学数据管理体系的提出，支持多学科多单位联合共同构建农业科学数据管理体系。该管护体系的设置（彭秀媛 等，2017a），符合农业领域科研项目的特点以及规律，对于大规模化的数据可以规范整合管理，同时针对小科学项目的数据也可规范处理；达到了科研工作者对科研项目所涉及的数据知识产权的需求；在科学数据共享方面，无论是途径还是活动形式，对于单位内部与外部的数据实现了共存。

6.3.1　农业科学数据的服务效率

完整而有序的农业科学数据管理体系代表了一个科研机构的科学数据管理水平。中国农业科学院通过建立农业科学数据管理机制（黄如花等，2016a，2016c），形成了一个增强型的农业科学数据管理体系。该管护体系以层次递进结构呈现，顶层的数据管护政策从制度层面保障了农业科学数据管理各项研究的开展，基层的技术架构则支撑农业科学数据管理各项内容的顺利推进。提供的农业数据服务基于科研人员的数据管护需求，服务内容真实而全面，覆盖科学数据管理生命周期。

6.3.2　科研人员的需求

满足农业科研工作者对科学数据管理的需求是中国农业科学院提供科学数据管理的驱动力。通过开展问卷调研，了解农业科研人员对数据管护需求及行为。这些需求调查对于中国农业科学院构建农业科学数据管理体系，选择数据管护工具的类型，确定数据以及完善基础设施建设的投入力度，开展农业科学数据管理培训的侧重点，以及农业科学数据管理服务的内容等都具有重要作用（蔡自兴，

2016）。

6.3.3 交叉学科的协作水平

农业科学数据管理是需要多个学科、多单位相互协作的一项工程。中国农业科学院下属各学科创新团队结合自身优势与特点履行其职责。中国农业科学院信息化工作领导小组负责全院农业科学数据工作的顶层设计与统筹规划；中国农业科学院信息化工作领导小组办公室，是全院农业科学数据工作统筹协调与实施机构，负责落实院信息化领导小组的各项决策部署，并推进落实全院科学数据管理与共享工作；院所属法人单位是农业科学数据管理与开放共享工作的责任主体。良好的合作弥补了个体能力的不足，增强了中国农业科学院农业科学数据管理的水平，加强了对农业科技创新的支撑能力。

6.4 科学数据管理的建议

为了适应新型范式，农业科学数据全流程的管护利用新型现代化数据处理、挖掘、分析技术，跨学科领域之间的协作将会繁荣发展（陆丽娜 等，2016）。结合农业科学数据相关领域的实践进展与学术研究，我国农业科学数据的发展可能呈现以下态势。中国农业科学院科学数据管理按阶段划分为前期—中期—后期，如图 6-9 所示。

中国农业科学院数据管护平台以及科研数据团队作为管护研究的支撑系统，明确责任分工，为数据管理奠定良好基础。在海量科学数据的管护流程中，前期主要工作是平台的建立、信息工具的选择以及严格执行各层级管护政策；中期主要针对数据进行处理，收集汇交、元数据的标准制定；后期是管护的目的，实现数据共享，明确数据产权（崔宇红，2012）。

6.4.1 农业科学数据管理与新的数据环境相融合

农业科学数据根本的核心依旧是数据，在第四范式数据密集型科学发现的环

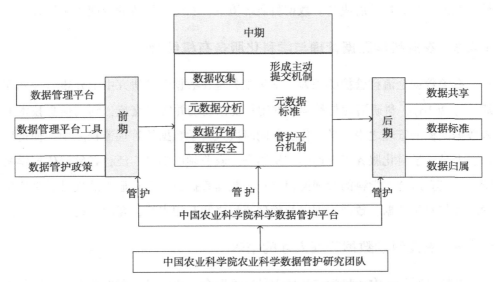

图6-9 中国农业科学院基于生命周期得到数据管护流程

境下，如何对数据实施行之有效的全流程管护，从而实现数据共享，实现与新数据环境的有机融合，这为农业信息的发展提供了新的途径。科学数据的全流程管护有助于深入挖掘并有效整合散落在各处的数据信息资源，符合当今国家战略的新兴需求（毕强 等，2018）。

2015年8月国务院颁布的《促进大数据发展行动纲要》[①] 指出："统筹国内外农业数据资源，增强农业科学数据的汇交，推进各地区、各行业领域农业数据资源的开放共享，加大农业科学数据示范力度，提升农业生产智能化、管理高效化、服务便捷化能力和水平。"

同年12月农业农村部印发《关于推进农业农村大数据发展的实施意见》[②] 指示："要夯实农业科学数据提升的全方位综合能力，运用科学数据技术动态分析各项动态指标的精准性和实效性，加快实现基于各级、各项、各学科领

---

① http://www.gov.cn/xinwen/2015-09/05/content_2925284.htm
② http://www.moa.gov.cn/nybgb/2016/diyiqi/201711/t20171125_5919523.htm

域有关的科学数据政府决策。数据科研环境下，农业科学数据管理意义重大。"

6.4.2 农业科学数据管理与学科化服务有机结合

有关数据全流程管护的探索，学科服务是在数据管护研究中十分热门（陆丽娜 等，2016），科研活动与科学数据用户良性互动并实时交流，利用信息技术嵌入数据流程的管理之中，学科化服务同时嵌入科学数据的管理流程之中，使得数据、人员、学科化服务三者达到有机结合。农业领域学科广泛，各领域依据学科特色，建立适合本学科的管理流程，对于数据管护成效将有显著的提升。学科化的服务与科学数据、数据管理以及管理流程之间互相支撑，互助互利。

6.4.3 农业科学数据管理人才的培养

在信息时代，农业科学与其他学科交叉融合，我国目前在农业学科领域的数据专家严重缺少。数据处理技术力量有待加强，数据行业尖端人才有待增强，对农业科学数据的专业性人才培养没有形成常态化的机制（初景利，2013）。把信息技术与生物基因学科、生物育种学科、医学与动物医学、情报学、经济学、金融学、文献计量学等结合起来，打造具有学科领域专业性的农业科学数据团队。这不是一朝一夕可以达成的，需要一个完善的培养计划，在基础教学期间注重交叉人才的培养，在深入研究中进行深度专业性的培训（阿儒涵 等，2020）。

6.5 本章小结

作为对农业科研院所科学数据全流程管护模型的实证研究，本章主要解决了农业科学数据管理流程中对于科学数据执行不顺畅，数据难以收集汇交，获取率低，开放共享程度不高等问题进行实证研究。作为对农业科研院所科学数据全流程管护模型的实证研究，流程细化，有助于各研究所、科技处、科学数据中心明确职权。基于生命周期实行对数据的全链条管理，每一步环环相扣，流程设计越细致，有效促进科学数据的管护成效。以数据为核心，制定计划-有序执行-有效共享，完整体现了生命周期的全过程，在实证研究中，交叉的环节需要科研人员合理协调，数据多数来源于科研项目，因此模型中嵌入科研活动、科研人员十分有必要。实证研究的对象中国农业科学院具有海量的数据分布过于零散的问题，从政策角度出发，制定符合农业领域学科特点的具有专业性的政策及政策体系，规范农业科学数据的管理。2019 年《中国农业科学院农业科学数据管理与开放共享办法》颁布以来，农业科学数据管理的实践取得了三方面的成效，初步满足了科研人员对于数据汇交的需求，提高了科研人员数据管护的意识，农业作为交叉学科，提高了各领域的协作水平。提出了对于农业科学数据管理的建议，科学数据有助于深入挖掘并有效整合散落在各处的数据信息资源，已有数据有效与新的数据相融合，嵌入式研究与科学数据用户良性互动，与学科化服务有机结合，服务数据学科的研究，数据科学家以及交叉学科人才的培养至关重要，决定了数据学科的进一步发展。

7 科学数据的展望

本章以农业科学数据管理问题为导向，以农业学科领域的数据资源为研究对象，通过文献调研法、问卷调研法、实证研究法对农业科学数据管理情况进行探究。综述了国内外关于科学数据的研究，以科学数据生命周期理论为基础，结合英国数据管理中心 DCC 生命周期模型，面向中国农业科学院农业科学数据问题，对农业科学数据全流程管护模型进行研究，明确了农业科学数据管理流程构建依据，引入嵌入学科模式，将科研项目、科研活动、科研人员、管理人员以及数据管理平台嵌入农业科学数据管理的全流程。从前期-中期-后期三个阶段分析，借鉴 DCC 模型，提出了农业科学数据的全流程管护模型，为科学数据管理的流程研究提供有价值的研究参考。

7.1 科学数据的未来

本研究将管护流程划分为前期-中期-后期。前期：依照遵循各级科学数据管理政策，根据本学科领域的特征，采取行之有效的数据需求调研，制定数据管理计划，其中包括详细说明数据的收集汇交方式、存储方式、科研产出汇交方式等；中期：主要针对科学数据进行收集汇交、组织整合，采用科学数据元数据标准，利用信息技术进行数据挖掘分析，并实行安全存储；后期：针对数据的利用，将新的科学数据与原有数据有机融合，实现有效共享，并且明确数据归属权以及相关法律问题。依据生命周期的理论，对我国农业科学数据管理的前期-中期-后期三个阶段提供重要的指导作用。

（1）本研究构建了基于生命周期的农业科学数据管理体系

农业科学数据管理体系其实质是对全链条式管理的雏形，科研人员遵循数据生命周期特点，分阶段、个性化地开展农业科学数据管理，针对每个阶段的农业科学数据特点，使用信息化工具，实现有效的农业科学数据共享再利用。丰富了面向农业科学领域活动的生命周期理论和信息生命周期理论，也发展了以科研活动为中心的学术信息资源组织与描述理论。

（2）本研究构建了农业科学数据全流程管护模型

参考了国内外科学数据管理模型，基于英国数据管理机构 DCC 模型，以农业科学数据管理问题为导向，以农业领域各学科数据资源为研究对象，构建了农业科学数据全流程管护模型。分析了农业科学数据收集、汇交、组织、整合、存储、共享的全部过程，从过程以及相关要素方面完善了全生命周期的数据管护流程，为数据的流程管理提供借鉴。

（3）创新性

农业科学数据管理的实施受到多方制约，属于极其复杂的科研项目。如今，科学数据管理在我国的信息科学发展中还属较新的概念，至今未有合理、科学、行之有效的管护流程模型，对于从科学数据生命周期视角下，引入嵌入式学科的模式，对农业科学数据管理流程和相关要素进行深度解析，具有一定创新性。

7.2　农业科学数据管理中的不足

对于科学数据的管理，是当今信息时代数据密集型高速发展的必然结果。国外对于科学数据的研究起步较我国的研究早前一步，因此对于国外已有的经验采取了部分借鉴，但是由于所在区域的局限性以及时间稍为仓促，对于国外先进的科学数据探究还尚且匮乏。

① 对于调研结果，选取范围应该更为广泛，至少扩展至林业等与农业相关领域，以及农业科学数据全流程管护模型的构建存在个人主观性。对于每一个环节研究的深度相对平均，对于不同的管护流程，不同学科应有所侧重，而且并不是每一个学科的数据都需要全部流程，在研究中尚未涉及针对学科的个性化流程探究。

② 在实践中并非所有科学数据、实验监测数据在数据全生命周期都需要长久保存，如何处理这些数据，何时剔除、如何剔除在本研究中尚未涉及。

③ 对于农业科学数据的生命周期期限的界定范围在本研究中尚未涉及。可作为研究点在未来研究中继续深入挖掘。

7.3　科学数据的研究展望

本研究针对农业科学数据问题进行了探索与尝试，提出农业科学数据管理嵌入式多模型框架，并对其中涉及的农业科学数据资源的收集整合、组织描述、存储共享进行了研究，取得了初步的研究成果，但随着研究的深入，发现还有许多问题尚未解决，有待于进一步进行研究。

（1）构建农业科学数据管理机制

我国关于农业科学数据管理的研究处于初级阶段，2019 年 7 月才正式颁布《中国农业科学院农业科学数据管理与开放共享办法》，农业科学数据的管护实践匮乏，体制与制度不尽完善，数字科研环境下尚未建立完善的农业科学数据管理机制，农业科学数据管理实践工作也有所不足，有必要在新型数据环境下进行农业科学数据管理机制的构建，对我国农业科技发展具有重要的实际意义，构建有效的数据管护机制，协调各个农业科学数据管理机构之间合作的政策机制、动力机制、协调激励机制、资源共建机制、管理机制等。为了构建一个农业科学数据管理机构间相互合作的基本框架，完善农业科学数据管理组织协同合作的模式与机制。

（2）融合农业科学数据管理与新型科研范式

农业科学数据是一种以数据驱动农业生产向智慧型转变的新兴力量，是现代农业生产中新兴的生产要素与基础设施，数据科学为农业带来机遇。农业科学数据管理未来研究的重点内容是在新型数据环境下，如何更好地管理农业科学数据，运用信息技术，迎接挑战。

（3）优化农业科学数据管理质量

优化农业科学数据管理质量是未来持续研究的问题，如何有效地实现更准确、更具体的农业科学数据管理，以"问题导向""用户需求导向"，注重科研人员对于数据管护意识的构建，建设符合数据生命周期各阶段特点的管护模型，目的是科学数据的共享利用，形成农业科学数据生态环境，鼓励科研人员提供最新的科学研究数据，为农业科学数据共享奠定坚实基础。

（4）提升农业科学数据素养

将数据人才作为发展的首要资源，培养具备综合素质能力，对农业科学数据敏感度高的各领域农业数据科学家。科学数据素养问题始终是科学数据管理领域的热门学术主题，国内外专家学者对科学素养问题进行了深入研究，发表了自己的观点，总结了许多的启示，目前更多的是理论，在实践中的应用尚需增加，推广上有很大的空间，需要继续努力。

参考文献

阿儒涵，吴丛，李晓轩，2020. 科研数据开放的国际实践及对我国的启示
[J]. 中国科学院院刊. 01：11-18.

本刊记者，2013. 国务院发布《"十二五"国家自主创新能力建设规划》
[J]. 内江科技，34（7）：3.

毕达天，曹冉，杜小民，2019. 科学数据共享研究现状与展望 [J]. 图书情
报工作，63（24）：69-77.

毕强，闫晶，李洁，等，2018. 基于扎根理论的数字图书馆资源聚合质量影
响因素研究 [J]. 情报理论与实践，41（5）：61-66，38.

蔡自兴，2016. 中国人工智能40年 [J]. 科技导报，34（15）：12-32.

曾文，李辉，徐红姣，等，2018. 深度学习技术在科技文献数据分析中的应
用研究 [J]. 情报理论与实践，41（5）：110-113.

常唯，2005. e-Science and Changes of Library and Information Services [J]. 图
书情报工作，049（3）：27-30.

陈财柳，刘璇斐，赵岚岚，等，2020. 基于业财融合视角的公立医院智慧财
务体系研究 [J]. 商业会计（5）：79-82.

陈传夫，曾明，2006. 科学数据完全与公开获取政策及其借鉴意义 [J]. 图
书馆论坛（2）：1-5.

陈大庆，2013. 英国科研资助机构的数据管理与共享政策调查及启示 [J].
图书情报工作，57（8）：5-11.

陈桂芬，李静，陈航，等，2019. 大数据时代人工智能技术在农业领域的研

究进展［J］.中国农业文摘-农业工程，31（1）：12-16.

陈丽君，2016.基于生命周期模型的科学数据服务研究［J］.图书馆研究与
工作（3）：16-19.

陈林，2017.一种自适应的云计算平台监控框架及实现［D］.硕士.武汉
大学.

陈天恩，刘军萍，王登位，等，2018.农业云服务可适性技术研究进展［J］.
中国农业信息，30（1）：67-78.

陈媛媛，柯平，2018.大学图书馆科研数据服务模型研究［J］.情报理论与
实践，41（5）：120-124.

迟玉琢，2020.科学数据能力研究：内涵、框架和影响因素［J］.农业图书
情报学报，32（1）：23-29.

迟玉琢，王延飞，2016.国外高校科研数据服务需求识别模型特点与启示
［J］.图书情报工作，60（4）：37-43.

迟玉琢，王延飞，2018.面向科学数据管理的科学数据引用内容分析框架
［J］.情报学报，37（1）：43-51.

初景利，2013.嵌入式图书馆服务的理论突破［J］.大学图书馆学报，31
（6）：5-9.

储文静，李书宁，2019.我国科学数据联盟管理模式构建研究［J］.图书馆
学研究（14）：51-57.

崔宇红，2012.E-Science 环境中研究图书馆的新角色：科学数据管理［J］.
图书馆杂志，31（10）：20-23.

崔宇红，李伟绵，2017.研究数据管理进展评述［J］.图书馆杂志，36（1）：
12-19.

代斌，肖敏，2016.以审计元数据为基础构建"五个关联分析"纽带［J］.
审计月刊（8）：15-18.

邓仲华，宋秀芬，2014.信息资源云的数据监护研究［J］.图书馆学研究
（17）：45-52.

丁宁，马浩琴，2013.国外高校科学数据生命周期管理模型比较研究及借鉴
［J］.图书情报工作，57（6）：18-22.

董薇，刘婷婷，郭志，2019. 数据驱动下高校图书馆数字学术服务研究与启示 [J]. 农业图书情报，31（7）：21-28.

杜建，2019. 基于多维深层数据关联的医学知识挖掘研究进展 [J]. 农业图书情报，31（3）：4-12.

顾立平，2016. 数据治理——图书馆事业的发展机遇 [J]. 中国图书馆学报，42（5）：40-56.

关健，2020. 医学科学数据共享与使用的伦理要求和管理规范（一）[J]. 中国医学伦理学，33（2）：143-146.

郭佳璟，樊欣，2019. 国外科学数据管理经验及其对我国"双一流"高校图书馆的启示 [J]. 文献与数据学报，1（3）：26-37.

郭明航，李军超，田均良，2009. 我国科学数据共享管理的发展与现状 [J]. 西安建筑科技大学学报（社会科学版），28（4）：83-88，100.

韩金凤，2017. 加拿大高校图书馆科研数据管理服务调研及启示 [J]. 国家图书馆学刊，26（1）：38-46.

何欢欢，2010. 政府网站信息资源保存体系研究 [D]. 博士. 武汉大学.

洪程，2019. 我国高校科研数据管理政策研究 [D]. 硕士. 湘潭大学.

侯茹，2019. 大数据环境下人文社会科学评价的拓展 [J]. 农业图书情报，31（2）：36-42.

胡卉，吴鸣，2016. 嵌入科研工作流与数据生命周期的数据素养能力研究 [J]. 图书与情报（4）：125-137.

黄成，2012. 船舶工业信息化业务平台元数据体系结构研究与设计 [D]. 硕士. 哈尔滨工程大学.

黄铭瑞，李国庆，李静，等，2019. 国家科学数据中心管理模式的国际对比研究 [J]. 农业大数据学报，1（4）：14-29.

黄如花，何乃东，2017. 海量科学数据管理模型研究——基于云服务 [J]. 图书馆学研究（14）：41-44，72.

黄如花，赖彤，2016. 利益相关者视角下图书馆参与科学数据管理的分析 [J]. 图书情报工作，60（3）：21-25，89.

黄如花，李楠，2016. 加州大学伯克利分校图书馆科研支撑服务研究 [J].

图书馆建设（5）：46-50.

黄如花，林焱，2016. 加州大学伯克利分校数据管理的实践剖析［J］. 图书情报工作，60（3）：26-31.

黄筱瑾，2013. 基于元数据的科学数据与科技文献关联研究［J］. 情报理论与实践，36（7）：27-30.

黄筱瑾，朱江，李菁楠，2009. 研究型图书馆参与科学数据共享服务研究［J］. 图书馆论坛，29（6）：177-179，193.

黄鑫，邓仲华，2016. "互联网+"视角下的图书馆科学数据服务研究［J］. 图书与情报（4）：53-59.

黄鑫，邓仲华，2017. 数据密集型科学研究的需求分析与保障［J］. 情报理论与实践，40（2）：66-70，79.

黎建辉，周园春，胡良霖，等，2016. 中国科学院科学数据云建设与服务［J］. 大数据，2（6）：3-13.

李冰，宾军志，2017. 数据管理能力成熟度模型［J］. 大数据，3（4）：29-36.

李露芳，何义珠，2013. 公共经济学视域中的国内农村图书馆普遍服务研究［J］. 图书馆建设（12）：14-18.

李爽，2003. 地球科学数据网格及其对地理科学的影响［D］. 硕士. 河南大学.

李晓霞，罗党论，王碧彤，2019. 谁更能识别企业创新：政府还是市场？——基于A股IPO上市公司的实证研究［J］. 会计与经济研究，33（6）：3-18.

李学庆，郑美玉，吴建洪，等，2019. 基于大数据和本体的高校图书馆个性化服务研究［J］. 农业图书情报，31（9）：75-81.

李阳，段光锋，田文华，2020. 我国医疗卫生大数据应用分析［J］. 解放军医院管理杂志，27（1）：48-50.

林焱，周志峰，2016. 基于数据生命周期模型的数据资源管理剖析［J］. 图书馆学研究（14）：52-57，88.

蔺彩霞，杨硕，李飞鹏，2018. 关于加快推进农业农村大数据发展应用的思考［J］.新疆农业科技（6）：28-30.

刘桂锋，魏悦，钱锦琳，2018.高校科研数据管理与共享政策的案例与执行模型研究［J］.图书馆论坛，38（11）：31-38.

刘汉元，2016.建立农业大数据平台　加快我国智慧农业发展［J］.中国合作经济（3）：12-13.

刘佳美，2018.生命周期视角下高校科研数据监护流程分析［D］.硕士.曲阜师范大学.

刘俊宇，2014.视听新媒体内容元数据研究［J］.中国传媒大学学报（自然科学版），21（1）：62-66，56.

刘晓娟，于佳，林夏，2016.国家科研数据服务实践进展及启示［J］.大学图书馆学报，34（5）：29-37.

刘一鸣，蒋欣羽，段驿智，2020.区块链技术助推大数据时代高校图书馆数字资源建设［J］.农业图书情报学报，32（6）：15-22.

刘颖，黄传慧，2014.e-Research环境下嵌入式学科服务研究［J］.图书馆学研究（12）：67-71，75.

陆丽娜，2018.农业科学数据监管模型构建及应用研究［D］.博士.吉林大学.

陆丽娜，王萍，张韫麒，2016.国内外大学科学数据监管比较研究——以国内外农业高水平大学为例［J］.图书情报工作，60（23）：62-68.

罗孝蓉，2019.基于改进蚁群算法的云计算任务调度研究［D］.硕士.华北电力大学（北京）.

马费成，望俊成，2010.信息生命周期研究述评（Ⅰ）——价值视角［J］.情报学报，29（5）：939-947.

马晓亭，2014.图书馆大数据监护系统的构建——以生命周期理论为视角［J］.图书馆建设（12）：31-33，38.

孟祥保，高凡，2016.利益相关者视角下科研数据战略规划研究［J］.图书情报工作，60（9）：38-44.

彭洁，涂勇，PENGJIE，TUYONG，2009.科技信息机构从事科学数据研究的趋势和可行性分析［J］.图书情报工作，53（20）：47-50.

彭秀媛，农业科学数据共享模式与技术系统研究［D］．博士．中国农业科学院．

彭秀媛，王枫，周国民，2017．辽宁省农业科学数据共享情况调查与分析［J］．农业经济（1）：59-61．

彭秀媛，周国民，2017．农业环境数据共享应用框架及关键技术［J］．江苏农业科学，45（9）：192-194．

蒲慕明，2005．大科学与小科学［J］．世界科学（1）：4-6．

蒲攀，马海群，2017．大数据时代我国开放数据政策模型构建［J］．情报科学，35（2）：3-9．

钱鹏，2012．高校科学数据管理研究［D］．博士．南京大学．

钱鹏，郑建明，2011．基于生命周期的高校科学数据组织研究［J］．情报理论与实践，34（11）：83-86．

曲茉莉，2011．环境质量监测常规数据管理措施的探讨［J］．黑龙江环境通报，35（4）：74-75．

尚智丛，张真芳，2008．科技政策咨询的产生、本质和作用［J］．自然辩证法研究（3）：84-87．

沈婷婷，卢志国，2012．数据监管在我国高校图书馆的应用展望［J］．图书情报工作，56（7）：54-57，87．

师荣华，刘细文，2011．基于数据生命周期的图书馆科学数据服务研究［J］．图书情报工作，55（1）：39-42．

时婉璐，任树怀，2012．数据策管：图书馆服务的新创举［J］．图书馆杂志，31（10）：24-27，34．

司莉，邢文明，2013．国外科学数据管理与共享政策调查及对我国的启示［J］．情报资料工作（1）：61-66．

孙红敏，2015．数字农业技术基础［M］．高等教育出版社．

孙俐丽，袁勤俭，2019．数据质量研究述评：比较视角［J］．农业图书情报，31（7）：4-13．

孙璐，李广建，2017．政府开放数据应用分析模型构建研究［D］．图书情报工作，61（3）：97-108．

孙奇，2019. 基于用户需求的高校图书馆科学数据服务模式研究 [D]. 硕士. 天津工业大学.

索传军，2010. 试论信息生命周期的概念及研究内容 [J]. 图书情报工作，54（13）：5-9.

完颜邓邓，2016. 澳大利亚高校科学数据管理与共享政策研究 Research on the Scientific Data Management and Sharing Policies in Australian Universities [J]. 信息资源管理学报（1）：30-37.

王安然，吴思竹，钱庆，等，2019. 我国科学数据管理相关政策解读与人口健康科学数据管理的启示 [J]. 医学信息学杂志，40（12）：2-7.

王丹丹，2018. 科学数据管理服务需求识别方法研究 [J]. 大学图书馆学报，36（1）：41-47.

王芳，慎金花，2014. 国外数据管护（Data Curation）研究与实践进展 [J]. 中国图书馆学报，40（4）：116-128.

王海宁，丁家友，聂云霞，2018. Digital/Data Curation 的概念与翻译研究 [J]. 图书馆杂志，37（1）：8-18.

王继娜，2019. 国外高校图书馆科学数据管理服务的调研与思考 [J]. 情报理论与实践，42（8）：159-167.

王剑，马健，2019. 数据驱动的网络信息服务评价模型研究 [J]. 农业图书情报，31（2）：30-35.

王卷乐，孙九林，2007. 世界数据中心（WDC）中国学科中心数据共享进展 [J]. 中国基础科学（2）：38-42.

王卷乐，孙九林，2009. Review, Reform and Prospect Analysis of World Data Center 世界数据中心（WDC）回顾、变革与展望. 地球科学进展，24（6）：612-620.

王璞，2015. 英美两国制定数据管理计划的政策、内容与工具 [J]. 图书与情报（3）：103-109.

王璞，2016. 可持续发展的科研数据管理信息基础设施研究 [J]. 图书馆建设（8）：44-48.

王瑞丹，高孟绪，石蕾，等，2020. 对大数据背景下科学数据开放共享的研究与思考［J］. 中国科技资源导刊, 52（1）：1-5, 26.

王毅萍, 马建玲, 2017. 国外科学数据影响力研究进展［J］. 图书情报工作, 61（7）：118-126.

王志鹏, 张璨, 2017. 数据中心服务能力成熟度模型国际技术报告研究［J］. 信息技术与标准化（6）：62-65, 73.

卫军朝, 蔚海燕, 2016. 英国高校研究数据管理需求调研实践分析［J］. 图书情报知识（4）：83-92.

魏东原, 朱照宇, 2007. 专业图书馆如何实现科学数据共享［J］. 图书馆论坛, 027（6）：253-256.

魏钦俊, 姚俊, 鲁雅洁, 等, 2020. 生物医学前沿进展在高等医学教育中的作用与实施策略［J］. 基础医学教育, 22（1）：30-33.

魏悦, 刘桂锋, 2017. 基于数据生命周期的国外高校科学数据管理与共享政策分析［J］. 情报杂志, 36（5）：153-158.

吴金红, 陈勇跃, 2015. 面向科研第四范式的科学数据监管体系研究［J］. 图书情报工作, 59（16）：11-17.

吴敏琦, 2012. Digital Curation：图书情报学的一个新兴研究领域［J］. 图书馆杂志, 31（3）：8-12.

吴妍, 2018.《科学数据管理办法》发布［J］. 福建轻纺（5）：2.

肖潇, 2012. 基于数据生命周期的科学数据服务模式研究［D］. 硕士. 中国科学院研究生院 中国科学院大学.

邢文明, 2014. 我国科研数据管理与共享政策保障研究［D］. 博士. 武汉大学.

徐芳, 2017. 高校图书馆科研数据协同监管模式构建研究［J］. 情报理论与实践, 40（3）：14-19.

徐菲, 王军, 曹均, 等, 2015. 康奈尔大学嵌入式科研数据管理服务探析［J］. 图书馆建设（12）：54-59.

徐天雪, 2019. 基于 AHP 的科学数据开放共享政策评估指标体系研究［D］. 硕士. 黑龙江大学.

徐伟学, 2019. 大数据语境下的涉税信息共享与信用规制［J］. 学术界

（12）：129-135.

许鑫，蔚海燕，刘甜，2016. 嵌入式学科服务中的科研数据监管研究——基于牛津大学及其 EIDCSR 项目的探讨 [J]. 情报资料工作（1）：54-61.

杨传汶，徐坤，2015. 基于生命周期的动态科学数据服务模式研究 [J]. 图书馆论坛，35（10）：82-87.

杨从科，2007. 中国农业科学数据资源建设研究 [D]. 博士. 中国农业科学院.

杨国立，周鑫，2017."数据即服务"背景下图书情报机构科学数据服务的发展机遇 [J]. 情报学报，36（8）：772-780.

杨鹤林，2011. 数据监护：美国高校图书馆的新探索 [J]. 大学图书馆学报，29（2）：18-21，41.

杨鹤林，2014. 英国数据监护研究成果及其在高校图书馆的应用——DCC 建设回顾 [J]. 图书馆杂志，33（3）：84-90.

杨蔚琪，2012. 嵌入式学科服务——研究型大学图书馆转型发展的新思路 [J]. 情报资料工作（2）：88-92.

杨文建，邓李君，2017. 国外高校图书馆科研数据管理研究进展及其启示 [J]. 国家图书馆学刊（5）：88-97.

杨友清，陈雅，2012. 基于智库理念的图书馆咨询服务模式研究 [J]. 图书馆杂志（10）：46-48.

杨云秀，顾立平，张瑶，等，2015. 国外科研教育机构数据政策的调研与分析——以英国10所高校为例 [J]. 图书情报工作（5）：55-61.

杨志伟，卫军朝，2016. 基于 Data Curation 的机构库建设研究——以约翰霍普金斯大学 Data Conservancy 项目为例 [J]. 图书馆学研究（7）：55-61.

于程，段运红，2016. 傅泽田：实现智慧农业离不开物联网 [J]. 农业机械（7）：50-52.

于明鹤，聂铁铮，李国良，2019. 数据管护技术及应用 [J]. 大数据，5（6）：1-17.

余厚强，尹梓涵，李龙飞，等，2019. 基于案例分析的替代计量数据之科学使用方式研究 [J]. 农业图书情报，31（5）：21-27.

原顺梅，赵贤，乔振，2020. 我国科学数据网络管理平台建设现状研究 [J]. 科技和产业，20（4）：142-147.

张保钢，2018. 国务院办公厅印发《科学数据管理办法》[J]. 北京测绘，32（5）：577.

张春芳，卫军朝，2015. 生命周期视角下的科学数据监管工具研究及启示 [J]. 情报资料工作（5）：68-72.

张计龙，朱勤，殷沈琴，2013. 美国社会科学数据的共享与服务 [J]. 大学图书馆学报，31（5）：13-17.

张丽丽，温亮明，石蕾，等，2018. 国内外科学数据管理与开放共享的最新进展 [J]. 中国科学院院刊，33（8）：774-782.

张莉，2006. 中国农业科学数据共享发展研究 [D]. 博士. 中国农业科学院.

张梦霞，顾立平，2016. 数据监管的政策研究综述 [J]. 现代图书情报技术（1）：3-10.

张新兴，2017. 基于云计算的科学数据资源聚合系统研究 [J]. 图书馆学研究（21）：60-64，101.

张瑶，吕俊生，2015. 国外科研数据管理与共享政策研究综述 [J]. 图书馆理论与实践（11）：47-52.

赵春江，2018. 人工智能引领农业迈入崭新时代 [J]. 中国农村科技（1）：29-31.

赵美玲，秦卫平，2015. 基于 Data Curation 的高校图书馆学科化创新服务研究 [J]. 情报理论与实践，38（10）：46-50.

赵启阳，张辉，王志强，2019. 科技资源元数据标准研究的现状分析与新的视角 [J]. 标准科学（3）：12-17.

赵蓉英，余波，2019. 信息链视角下情报实现再认识 [J]. 农业图书情报，31（7）：14-20.

赵瑞雪，赵华，郑建华，等，2019. 科研机构科学数据管理实践与展望 [J]. 农业大数据学报，1（4）：65-75.

钟明，钱庆，吴思竹，2019. 基于场景化的人口健康科学大数据安全治理体系构建 [J]. 中华医学图书情报杂志，28（9）：6-12.

周黎明，邱均平，2005. 基于网络的内容分析法［J］. 情报学报，24（5）：594-599. DOI：10. 3969/j. issn. 1000-0135. 2005. 05. 012.

周满英，付禄，2018. 数据策管生命周期模型比较研究［J］. 图书馆研究与工作（9）：34-37，87.

周清波，吴文斌，宋茜，2018. 数字农业研究现状和发展趋势分析［J］. 中国农业信息，30（1）：1-9.

周毅，刘峥，张建勇，2019. 关联数据研究的主题结构和研究进展解析［J］. 农业图书情报，31（3）：13-24.

周宇，廖思琴，阮莉萍，等，2017. 数据监护平台评价指标体系构建与测定研究［J］. 图书馆学研究（1）：35-42.

周宇，欧石燕，2016. 国内数据监护平台研究热点与进展探析［J］. 图书情报工作，60（22）：116-125.

周振国，2020. 治理框架视域下的数据治理研究［J］. 农业图书情报学报，32（7）：57-62.

庄倩，常颖聪，何琳，等，2016. 基于关联数据的科学数据组织研究［J］. 情报理论与实践，39（5）：22-26.

AJAYI A, OYEDELE L, AKINADE O, BILAL M, OWOLABI H, AKANBI L, DELGADO J M D, 2020. Optimised Big Data analytics for health and safety hazards prediction in power infrastructure operations［J］. Safety Science, 125.

AL-OMARI F A, AL-KHALEEL O D, RAYYASHI G A, GHWANMEH S H, 2012a. An innovative information hiding technique utilizing cumulative peak histogram regions［J］. Journal of systems and information technology Jsit.

AL-OMARI F A, AL-KHALEEL O D, RAYYASHI G A, GHWANMEH S H, 2012b. An innovative information hiding technique utilizing cumulative peak histogram regions［J］. Journal of Systems & Information Technology Jsit.

ALARAIFI A, MOLLA A, DENG H, 2012. REGULAR PAPER An exploration of data center information systems［J］. Journal of Systems & Information Technology, 14（4）：353-370.

ANDREW COX D, SCHMIDT B, DIERKES J, 2015. New alliances for research and teaching support: establishing the G? ttingen eResearch Alliance [J]. Program Electronic Library & Information Systems, 49 (4): 461-474.

BARBA - GONZáLEZ C, GARCíA - NIETO J, ROLDáN - GARCíA M D M, NAVAS-DELGADO I, NEBRO A J, ALDANA-MONTES J F, 2018. BIGOWL: Knowledge Centered Big Data Analytics [J]. Expert Systems With Applications.

BEAGRIE N, POTHEN P, 2002. Digital Curation: Digital Archives, Libraries and e-Science Seminar [M]. Ariadne.

BLAKE J A, BULT C J, DONOGHUE M J, HUMPHRIES J, FIELDS C, 1994. Interoperability of Biological Data Bases: A Meeting Report [J]. Systematic Biology, 43 (4): 585-589.

BORGMAN C L, 2015. Big Data, Little Data, No Data: Scholarship in the Networked World.

CARLSON S, ANDERSON B, 2007. What Are Data? The Many Kinds of Data and Their Implications for Data Re-Use [J]. Journal of Computer-Mediated Communication, 12 (2): 635-651.

CENTRE D C, 2012. What is digital curation [M].

CHARALABIDIS Y, LAMPATHAKI F, ASKOUNIS D, Year. A Comparative Analysis of National Interoperability Frameworks [C]. In: Proceedings of the 15th Americas Conference on Information Systems, AMCIS 2009, San Francisco, California, USA, August 6-9, 2009.

CHEN, YA-NING, 2015. A RDF-based approach to metadata crosswalk for semantic interoperability at the data element level [J]. Library Hi Tech, 33 (2): 175-194.

CHEN J, YANG H, Year. From Data Reuse to Knowledge Reuse in Web Applications: A Survey [C]. In: 2016 IEEE 40th Annual Computer Software and Applications Conference (COMPSAC).

CHEN Y, LI F, DU B, FAN J, DENG Z, 2015. A Quantitative Analysis on Semantic Relations of Data Blocks in Storage Systems [J]. Journal of Circuits Systems & Computers, 24 (8): 1550111-1550118.

CHIU D, AGRAWAL G, 2013. Cost and Accuracy Aware Scientific Workflow Composition for Service‐Oriented Environments [J]. IEEE Transactions on Services Computing, 6 (4): 470−483.

CHOU C C, CHI Y L, 2010. Developing ontology−based EPA for representing accounting principles in a reusable knowledge component [J]. Expert Systems with Applications, 37 (3): 2316−2323.

COUNCIL N, 1997. Bits of Power: Issues in Global Access to Scientific Data [M]. National Academy Press.

CRAGIN M H, PALMER C L, CARLSON J R, WITT M, 2010. Data sharing, small science and institutional repositories [J]. Philosophical Transactions, 368 (1926): 4023−4038.

CUN Y L, BOSER B, DENKER J S, HENDERSON D, JACKEL L D, 1990. Handwritten digit recognition with a back−propagation network [J]. Advances in Neural Information Processing Systems, 2 (2): 396−404.

CURRY E, FREITAS A, O'RIáIN S, 2010. The Role of Community‐Driven Data Curation for Enterprises [M].

CUSTERS B, UR? I? H, 2016. Big data and data reuse: a taxonomy of data reuse for balancing big data benefits and personal data protection [J]. Social Science ElectronicPublishing: ipv028.

DENT D L, 2006. ISRIC ‐ World Soil Information. International Year of Planet Earth [OL].

DONG J Q, YANG C−H, 2020. Business value of big data analytics: A systems−theoretic approach and empirical test [J]. Information & Management, 57 (1).

DOOLEY, E. E, 2002. Global Biodiversity Information Facility [J]. Environmental Health Perspectives.

DOU L, CAO G, MORRIS P J, MORRIS R A, LUD? SCHER B, MACKLIN J A, HANKEN J, 2012. Kurator: A Kepler Package for Data Curation Workflows [J]. Procedia Computer Science, 9 (11): 1614−1619.

EFRON M, 2011. The University of Illinois' Graduate School of Library and Information Science at TREC 2011 [C].

EKKIRALA C, 2016. Application of Metadata Repository and Master Data Management in Clinical Trial and Drug Safety [J]. Software Innovations in Clinical Drug Development & Safety.

ELITZUR R, 2020. Data analytics effects in major league baseball [C]. Omega, 90.

ESSAWY B T, GOODALL J L, XU H, GIL Y, 2017. Evaluation of the OntoSoft Ontology for describing metadata for legacy hydrologic modeling software [J]. Environmental Modelling & Software, 92 (JUN.): 317-329.

FANIEL I M, JACOBSEN T E, 2010. Reusing Scientific Data: How Earthquake Engineering Researchers Assess the Reusability of Colleagues' Data [J]. 19 (3-4): 355-375.

FIENBERG S E, MARTIN M E, STRAF M L, 1985. Sharing Research Data [M].

FORD T C, COLOMBI J M, GRAHAM S R, JACQUES D R, 2007. Survey on Interoperability Measurement; Conference paper [C/N].

G A B, J O D, L L B, E M M, J M R, M V A, D S R, H S L, F T M, H P S, 2014. Signatures for mass spectrometry data quality [J]. Journal of proteome research, 13 (4).

GE M, BANGUI H, BUHNOVA B, 2018. Big Data for Internet of Things: A Survey [J]. Future Generation Computer Systems, 87.

GLASER B, STRAUSS A L, 1968. The Discovery of Grounded Theory: Strategy for Qualitative Research [J]. Nursing Research, 17 (4): 377-380.

HATCH M, The Maker Movement Manifesto: Rules for Innovation in the New World of Crafters, Hackers, and Tinkerers [C].

HEIDORN P B, TOBBO H R, CHOUDHURY G S, GREER C, MARCIANO R, 2008. Identifying best practices and skills for workforce development in data curation [J]. Proceedings of the American Society for Information Science &

Technology，44（1）：1-3.

HEY T，TANSLEY S，TOLLE K，2011. The Fourth Paradigm：Data-Intensive Scientific Discovery. Proceedings of the IEEE［J］.

HOCKX H，2006. Digital Curation Centre［M］.

HONG C，2012. Information Description of Vegetable Planting Metadata Model ［J］. Journal of Anhui Agricultural Sciences.

HOWE D，COSTANZO M，FEY P，GOJOBORI T，HANNICK L，HIDE W，HILL D P，KANIA R，SCHAEFFER M，ST PIERRE S，TWIGGER S，WHITE O，YON RHEE S，2008. The future of biocuration［J］. Nature，455 （7209）：47-50. DOI：10. 1038/455047a.

KALPANA，SHANKAR，2015. For Want of a Nail：Three Tropes in Data Curation［J］. Microform & Digitization Review.

KIM J，2013. Data sharing and its implications for academic libraries［J］. New Library World，114（11-12）：494-506.

KREINES E M，KREINES M G，2016. Control Model for the Alignment of the Quality Assessment of Scientific Documents Based on the Analysis of Content-Related Context［J］. Journal of Computer & Systems Sciences International，55 （6）：938-947.

KRISTIINA A，AJI J，TOOR S Z，ANDREAS H，CARL N，2018. BAMSI：a multi-cloud service for scalable distributed filtering of massive genome data ［J］. Bmc Bioinformatics，19（1）：1-11.

LAUREL C，WALLS R L，JUSTIN E，GANDOLFO M A，STEVENSON D W，BARRY S，JUSTIN P，BALAJI A，MUNGALL C J，STEFAN R，2012. The Plant Ontology as a Tool for Comparative Plant Anatomy and Genomic Analyses ［J］. Plant & Cell Physiology（2）：2.

LECUN Y，BENGIO Y，HINTON G，2015. Deep learning［J］. Nature，521 （7553）：436.

LECUN Y，KAVUKCUOGLU K，FARABET C，Year. Convolutional Networks and Applications in Vision［J］. In：International Symposium on Circuits &

Systems.

LEONELLI S, 2012. Introduction: Making sense of data-driven research in the biological and biomedical sciences [J]. Studies in History & Philosophy of Science Part C Studies in History & Philosophy of Biological & Biomedical Sciences, 43 (1): 1-3.

LEVITAN K B, 2007. Information resources as " Goods" in the life cycle of information production [J]. Journal of the Association for Information Science & Technology, 33 (1): 44-54.

LEVY O, LEE K, FITZGERALD N, ZETTLEMOYER L, 2018. Long Short-Term Memory as a Dynamically Computed Element-wise Weighted Sum [M].

LIANG T-P, LIU Y-H, 2018. Research Landscape of Business Intelligence and Big Data analytics: A bibliometrics study [J]. Expert Systems With Applications.

LIU X, JIAN Q, 2014. An interactive metadata model for structural, descriptive, and referential representation of scholarly output [J]. Journal of the American Society for Information Science & Technology, 65 (5): 964-983.

LOKERS R, KNAPEN R, JANSSEN S, VAN RANDEN Y, JANSEN J, 2016. Analysis of Big Data technologies for use in agro-environmental science [J]. Environmental Modelling & Software, 84: 494-504.

LORD P, MACDONALD A, 2003. e-Science Curation Report: Data curation for e-Science in the UK: an audit to establish requirements for future curation and provision [OL].

LUCIANO, FLORIDI, 2008. The Method of Levels of Abstraction [M]. Minds & Machines.

MAI X T, MURAKAMI Y, ISHIDA T, 2015. Policy-Aware Service Composition: Predicting Parallel Execution Performance of Composite Services [C]. IEEE Transactions on Services Computing.

MARJABA G E, CHIDIAC S E, KUBURSI A A, 2020. Sustainability framework for buildings via data analytics [J]. Building and Environment, 172.

MATOPOULOS A, THEODOSIOU T, VALSAMIDIS S, HATZILIADIS G, NI-KOLAIDIS M, 2012. Measuring, archetyping and mining Olea europaea production data [J]. Journal of Systems & Information Technology, 14 (4): 318-335.

MONICA P, CHRISTOPHER C, GARY M, VIJAYA T, JAY E, CHIEN-YUEH L, LIN H, LIN J W, KEVIN H, 2014. The i5k Workspace@ NAL—enabling genomic data access, visualization and curation of arthropod genomes [J]. Nucleic Acids Research (D1): D1.

MORITZ H, JOACHIM D H, NORA J, WOLFGANG B, DETLEF H, 2020. Ammine and amido complexes of rhodium: Synthesis, application and contributions to analytics [J]. Journal of Organometallic Chemistry (prepublish).

OGIER A, HALL M, BAILEY A, STOVALL C, 2014. Data Management Inside the Library: Assessing Electronic Resources Data Using the Data Asset Framework Methodology [J]. Journal of Electronic Resources Librarianship, 26 (2): 101-113.

OZSU M T, LIU L, 2009. Encyclopedia of Database Systems [J]. Springer US.

PIWOWAR H, Introduction altmetrics: What, why and where? [J] Bulletin of the American Society for Information Science & Technology, 39 (4): 8-9.

PRABHUNE A, STOTZKA R, SAKHARKAR V, HESSER J, GERTZ M, 2018. MetaStore: an adaptive metadata management framework for heterogeneous metadata models [J]. Distributed and Parallel Databases, 36 (1): 153-194.

PRAMANIK M I, LAU R Y K, AZAD M A K, HOSSAIN M S, CHOWDHURY M K H, KARMAKER B K, 2020. Healthcare informatics and analytics in big data [J]. Expert Systems With Applications, 152.

ROSEMARY S, LUCA M, MILKO S, ARLLET P, GRAHAM M, GLENN H, ELIZABETH A, 2012. Bridging the phenotypic and genetic data useful for integrated breeding through a data annotation using the Crop Ontology developed by the crop communities of practice [C]. Frontiers in physiology, 3.

SAARNAK C F L, UTZINGER J, KRISTENSEN T K, 2013. Collection, verifi-

cation, sharing and dissemination of data: the CONTRAST experience [J].
Acta Tropica, 128 (2): 407-411.

SCHLUCHTER W, ROTH G, 1981. The rise of Western rationalism : Max
Weber's developmental history [M]. University of California Press.

SHEHAB E, LEFORT A, BADAWY M, BAGULEY P, CONWAY E, Year.
Modelling long term digital preservation costs: a scientific data case study [C].
In: International Conference on Manufacturing Research Icmr.

SHOTT, MICHAEL, J. , 1996. An exegesis of the curation concept. Journal of
Anthropological Research [J].

SHREEVES, L S, CRAGIN, H M, 2008. Introduction: Institutional
Repositories: Current State and Future [J]. Library Trends, 57 (2).

SIDI F, PANAHY P H S, AFFENDEY L S, JABAR M A, IBRAHIM H, MUS-
TAPHA A, Year. Data quality: A survey of data quality dimensions [J]. In:
International Conference on Information Retrieval & Knowledge Management.

STAR, SL, GRIESEMER, JR, 1989. INSTITUTIONAL ECOLOGY, TRANS-
LATIONS AND BOUNDARY OBJECTS - AMATEURS AND PROFESSIONALS
IN BERKELEYS-MUSEUM-OF-VERTEBRATE-ZOOLOGY, 1907-39 [J].
Social Studies of Science.

SURE Y, BLOEHDORN S, HAASE P, HARTMANN J, OBERLE D, Year.
The SWRC Ontology - Semantic Web for Research Communities [J]. In:
Conference on Progress in Artificial Intelligence.

TAKAYUKI I, LAJOS P, 2010. Predicting prognosis of breast cancer with gene
signatures: are we lost in a sea of data? [J] Genome medicine, 2 (11).

TAYLOR R S, 1982. Value-Added Processes in the Information Life Cycle [J].
Journal of the American Society for Information Science, 33 (5): 341-346.

TIAN K, 2013. Study on Strategy of Utilization and Construction of College Library
Collection Basing on Long-Tail Theory and Pareto Principle: Case of Southwest
Forestry University Library [J]. Information Research.

TRUBOWITZ N L, 1980. Pine Mountain Revisited: An Archeological Study in the

Arkansas Ozarks [J].

VENKATESAN A, HASSOUNI N E, PHILIPPE F, POMMIER C, LARMANDE P, Year. Exposing French agronomic resources as Linked Open Data [C]. In: Semantic Web Applications & Tools for Life Sciences International Conference.

VERNADAT F U E O B, 2009. Technical, Semantic and Organizational Issues of Enterprise Interoperability and Networking [M]. Ifac Proceedings Volumes.

VISION T J, 2010. Open Data and the Social Contract of Scientific Publishing [J]. BioScience, 60 (5): p. 330-331.

WANG, STRONG, 1996. What data quality means to dat a consumers [J]. Journal of Management Information Systems, 12 (4): 5-33.

WANG B, ZHANG Y X, CHEN S Q, 2003. Semantic network based component organization model for program mining [J]. Journal of Central South University of Technology, 10 (4): 369-374.

WHITLOCK M C, 2011. Data archiving in ecology and evolution: best practices [J]. Trends in Ecology & Evolution, 26 (2): 61-65.

WHYTE A, TEDDS J, 2011. Making the Case for Research Data Management [M].

WICKETT K M, SACCHI S, DUBIN D, RENEAR A H, 2012. Identifying content and levels of representation in scientific data [J]. Proceedings of the American Society for Information Ence & Technology, 49 (1): 1 - 10.

YANG E, MATTHEWS B, WILSON M, Year. Enhancing the Core Scientific Metadata Model to Incorporate Derived Data [J]. In: IEEE Sixth International Conference on E-science.

YARMEY L, BAKER K S, 2013. Towards Standardization: A Participatory Framework for Scientific Standard-Making [OL].

ZIMMERMAN A, 2007. Not by metadata alone: the use of diverse forms of knowledge to locate data for reuse [J]. International Journal on Digital Libraries, 7 (1-2): 5-16.

附录 A 中国农业科学院农业科学数据 管理情况调查问卷

尊敬的各位专家，您好！非常感谢您抽出宝贵的时间来完成此问卷！本调查仅用于项目研究，旨在了解中国农业科学院农业科学数据资源现状、管理现状、需求和应用情况。您提供的信息将会推进农业科学数据管理。感谢您的支持！

请仔细阅读以下说明。

科学数据：第一个层面作为你的研究对象或研究资料，是您在科研活动中利用到的那些研究数据；第二个层面作为科研活动的结果，包括科研活动过程中产生的阶段性结果，是您在科研活动中产生的研究数据。

科学数据管理能够为科学研究带来很多好处：（1）免费试用或者引用已公开发表的数据，可以减少重复的时间和资金投入；（2）可以引用其他学科的数据，减少跨学科研究的障碍，提高与其他科学研究者和研究机构的合作机率；（3）数据被引用可以提高数据的发表者的知名度和影响力；（4）通过对科学数据再分析，进行科学质疑，防止科学造假。

年　　龄：□25～34 岁　　□35～44 岁　　□45～54 岁　　□55 岁以上

最高学历：□博士　□硕士　　□本科　□专科

职务职称：□高级　　□副高级　　□中级　　□初级

论文情况：□只有中文文献　　□只有英文文献　　□中英文文献都有　　□暂时还没发表过

研究领域：

一、科学数据的分布及存储情况

1. 您在科研过程中产生的科学数据来自？（多选题）

□实验室实验

□科学观测与探测

□模拟仿真

□社会调查

□网络平台搜索的数据

□对现有数据分析之后得到的数据

□其他（请给出说明）＿＿＿＿＿＿＿

2. 您在科研过程中产生的科学数据类型通常为？（多选题）

□结构化数据表单

□文本数据

□图片或图像数据

□视频数据

□音频数据

□网页数据

□其他（请给出说明）＿＿＿＿＿＿＿

3. 您保存的科学数据为？（多选）

□原始数据

□不宜公开发表的处理过程数据

□公开发表的数据

□揭示结论性的数据（整理后的数据）

□其他（请给出说明）＿＿＿＿＿＿＿

4. 您在科研过程中保存科学数据的工具为？（多选）

□纸质本

□本地电脑

□移动存储设备

□数据库平台

□其他（请给出说明）＿＿＿＿＿＿＿＿

5. 您在科研过程中产生的科学数据的管理方式主要为（多选）

□自己保存

□项目组集中管理

□单位或部门统一管理

□交给项目出资单位管理

□专门的数据保管机构

□上传到公开数据平台

□其他（请给出说明）＿＿＿＿＿＿＿

6. 目前您部门是否存在科学数据资源库？（单选）

□有

□没有

如果有，请列举：＿＿＿＿＿＿＿＿＿＿

二、数据工作者获取数据的途径

7. 到目前为止，现有的科学数据的管理情况为（单选）

□无偿管理

□有偿提供

□其他研究人员无此需求

□曾有人索取，但拒绝提供

8. 您的项目成果发表后，原始数据通常如何处理？（多选）

□不保存，用完后删除

☐在原始文件夹里，不做处理

☐研究人员各自保存

☐项目组集中长期保存

☐提交知识库或者图书馆、资料中心

☐随科研成果、结题报告提交科研管理部门（科技处）

☐随科研成果提交相应期刊或者出版社的数据库

☐共享给专门的数据库（例如 CNKI、万方）

☐其他（请给出说明）＿＿＿＿＿＿＿＿

9. 您的科学数据曾经共享给使用？（多选）

☐合作伙伴

☐同部门人员

☐同领域工作者

☐本领域的科学机构

☐专业的科学数据共享平台

☐其他（请给出说明）＿＿＿＿＿＿＿＿

10. 您与他人共享科学数据的意愿（单选）

☐非常强烈

☐很强烈

☐一般/无所谓

☐很不强烈

☐非常不强烈

11. 如果具有管理数据的条件，您认为以下哪些机制可确保数据可持续共享？（多选）

☐强制手段（作为考核指标等）

☐经济手段（支付费用等）

☐协议手段（定向共享，协议交换等）

□其他（请给出说明）＿＿＿＿＿＿＿

12. 执行科研项目之前，是否会做科学数据管理计划？（单选）

□会

□偶尔，看项目需要

□不会

□其他（请给出说明）＿＿＿＿＿＿＿

13. 请对您及您研究团队的科学数据的管理现状做出评价。（其中：1-完全同意；2-基本同意；3-有些同意；4-说不好；5-有些不同意；6-基本不同意；7-完全不同意）

	1	2	3	4	5	6	7
具有能够共享或交换的科学数据资源							
具备了科学数据共享的设施与环境条件							
具有分享科学数据的处理能力和工具							
具有足够的经费支持数据共享活动							
制定了科学数据共享的实施方案							

三、科学数据的安全及归属权

14. 请根据您对科学数据的需求情况，选择最符合的选项。

需求	非常需要	需要	一般	不太需要	非常不需要
（1）您是否需要将您科学研究中产生的科学数据进行长期保存以支持后续研究					
（2）您是否需要对您科学研究中产生的科学数据进行有效的组织和管理					

（续表）

需求	非常需要	需要	一般	不太需要	非常不需要
（3）您对获取他人科学研究中生成或拥有的科学数据资源的需求程度					
（4）您对一站式检索和获取来自特定主题科学数据资源的需求程度					
（5）您对一站式检索和获取不同数据库的科学数据资源的需求程度					

四、科学数据的应用

15. 您在科研过程中应用的科学数据来源于？（多选）

□自己科研过程中产生的数据

□同行免费提供数据

□购买数据

□其他（请给出说明）

16. 您应用他人的科学数据。（单选）

□非常频繁

□频繁

□一般

□偶尔

17. 您应用他人科学数据的主要目的是（单选）

□参考他人的数据（例：格式或内容）

□研究他人的数据（例：总结特征）

□使用他人的数据（例：引用、对比、分析）

□其他（请给出说明）

18. 您获取他人科学数据的最主要方式是（单选）

□联系作者获取

□公开发表论文中附带的数据源

□科学数据共享平台，如农业科学数据共享平台

□合作团队间学术交流

19. 您在应用他人科学数据时面临的主要问题是？（多选）

□获得的科学数据资源格式不一致

□科学数据资源不完整

□科学数据资源质量参差不齐

□获得的科学数据资源不新

□未提供明晰的使用说明，担心侵犯他人的相关权利

□其他（请给出说明）

20. 关于数据侵权问题，您有多担心？

□不担心，只是听说过，并没有谁真的被处罚

□担心，不敢盗用

附录 B 科学数据管理办法

国办发〔2018〕17 号

第一章 总则

第一条 为进一步加强和规范科学数据管理，保障科学数据安全，提高开放共享水平，更好支撑国家科技创新、经济社会发展和国家安全，根据《中华人民共和国科学技术进步法》《中华人民共和国促进科技成果转化法》和《政务信息资源共享管理暂行办法》等规定，制定本办法。

第二条 本办法所称科学数据主要包括在自然科学、工程技术科学等领域，通过基础研究、应用研究、试验开发等产生的数据，以及通过观测监测、考察调查、检验检测等方式取得并用于科学研究活动的原始数据及其衍生数据。

第三条 政府预算资金支持开展的科学数据采集生产、加工整理、开放共享和管理使用等活动适用本办法。

任何单位和个人在中华人民共和国境内从事科学数据相关活动，符合本办法规定情形的，按照本办法执行。

第四条 科学数据管理遵循分级管理、安全可控、充分利用的原则，明确责任主体，加强能力建设，促进开放共享。

第五条 任何单位和个人从事科学数据采集生产、使用、管理活动应当遵守国家有关法律法规及部门规章，不得利用科学数据从事危害国家安全、社会公共利益和他人合法权益的活动。

第二章　职责

第六条　科学数据管理工作实行国家统筹、各部门与各地区分工负责的体制。

第七条　国务院科学技术行政部门牵头负责全国科学数据的宏观管理与综合协调，主要职责是：

（一）组织研究制定国家科学数据管理政策和标准规范；

（二）协调推动科学数据规范管理、开放共享及评价考核工作；

（三）统筹推进国家科学数据中心建设和发展；

（四）负责国家科学数据网络管理平台建设和数据维护。

第八条　国务院相关部门、省级人民政府相关部门（以下统称主管部门）在科学数据管理方面的主要职责是：

（一）负责建立健全本部门（本地区）科学数据管理政策和规章制度，宣传贯彻落实国家科学数据管理政策；

（二）指导所属法人单位加强和规范科学数据管理；

（三）按照国家有关规定做好或者授权有关单位做好科学数据定密工作；

（四）统筹规划和建设本部门（本地区）科学数据中心，推动科学数据开放共享；

（五）建立完善有效的激励机制，组织开展本部门（本地区）所属法人单位科学数据工作的评价考核。

第九条　有关科研院所、高等院校和企业等法人单位（以下统称法人单位）是科学数据管理的责任主体，主要职责是：

（一）贯彻落实国家和部门（地方）科学数据管理政策，建立健全本单位科学数据相关管理制度；

（二）按照有关标准规范进行科学数据采集生产、加工整理和长期保存，确保数据质量；

（三）按照有关规定做好科学数据保密和安全管理工作；

（四）建立科学数据管理系统，公布科学数据开放目录并及时更新，积极开展科学数据共享服务；

（五）负责科学数据管理运行所需软硬件设施等条件、资金和人员保障。

第十条 科学数据中心是促进科学数据开放共享的重要载体，由主管部门委托有条件的法人单位建立，主要职责是：

（一）承担相关领域科学数据的整合汇交工作；

（二）负责科学数据的分级分类、加工整理和分析挖掘；

（三）保障科学数据安全，依法依规推动科学数据开放共享；

（四）加强国内外科学数据方面交流与合作。

第三章　采集、汇交与保存

第十一条 法人单位及科学数据生产者要按照相关标准规范组织开展科学数据采集生产和加工整理，形成便于使用的数据库或数据集。

法人单位应建立科学数据质量控制体系，保证数据的准确性和可用性。

第十二条 主管部门应建立科学数据汇交制度，在国家统一政务网络和数据共享交换平台的基础上开展本部门（本地区）的科学数据汇交工作。

第十三条 政府预算资金资助的各级科技计划（专项、基金等）项目所形成的科学数据，应由项目牵头单位汇交到相关科学数据中心。接收数据的科学数据中心应出具汇交凭证。

各级科技计划（专项、基金等）管理部门应建立先汇交科学数据、再验收科技计划（专项、基金等）项目的机制；项目/课题验收后产生的科学数据也应进行汇交。

第十四条　主管部门和法人单位应建立健全国内外学术论文数据汇交的管理制度。

利用政府预算资金资助形成的科学数据撰写并在国外学术期刊发表论文时需对外提交相应科学数据的，论文作者应在论文发表前将科学数据上交至所在单位统一管理。

第十五条　社会资金资助形成的涉及国家秘密、国家安全和社会公共利益的科学数据必须按照有关规定予以汇交。

鼓励社会资金资助形成的其他科学数据向相关科学数据中心汇交。

第十六条　法人单位应建立科学数据保存制度，配备数据存储、管理、服务和安全等必要设施，保障科学数据完整性和安全性。

第十七条　法人单位应加强科学数据人才队伍建设，在岗位设置、绩效收入、职称评定等方面建立激励机制。

第十八条　国务院科学技术行政部门应加强统筹布局，在条件好、资源优势明显的科学数据中心基础上，优化整合形成国家科学数据中心。

第四章　共享与利用

第十九条　政府预算资金资助形成的科学数据应当按照开放为常态、不开放为例外的原则，由主管部门组织编制科学数据资源目录，有关目录和数据应及时接入国家数据共享交换平台，面向社会和相关部门开放共享，畅通科学数据军民共享渠道。国家法律法规有特殊规定的除外。

第二十条　法人单位要对科学数据进行分级分类，明确科学数据的密级和保密期限、开放条件、开放对象和审核程序等，按要求公布科学数据开放目录，通过在线下载、离线共享或定制服务等方式向社会开放共享。

第二十一条　法人单位应根据需求，对科学数据进行分析挖掘，形成有价值的科学数据产品，开展增值服务。鼓励社会组织和企业开展市场化增值服务。

第二十二条 主管部门和法人单位应积极推动科学数据出版和传播工作，支持科研人员整理发表产权清晰、准确完整、共享价值高的科学数据。

第二十三条 科学数据使用者应遵守知识产权相关规定，在论文发表、专利申请、专著出版等工作中注明所使用和参考引用的科学数据。

第二十四条 对于政府决策、公共安全、国防建设、环境保护、防灾减灾、公益性科学研究等需要使用科学数据的，法人单位应当无偿提供；确需收费的，应按照规定程序和非营利原则制定合理的收费标准，向社会公布并接受监督。

对于因经营性活动需要使用科学数据的，当事人双方应当签订有偿服务合同，明确双方的权利和义务。

国家法律法规有特殊规定的，遵从其规定。

第五章 保密与安全

第二十五条 涉及国家秘密、国家安全、社会公共利益、商业秘密和个人隐私的科学数据，不得对外开放共享；确需对外开放的，要对利用目的、用户资质、保密条件等进行审查，并严格控制知悉范围。

第二十六条 涉及国家秘密的科学数据的采集生产、加工整理、管理和使用，按照国家有关保密规定执行。主管部门和法人单位应建立健全涉及国家秘密的科学数据管理与使用制度，对制作、审核、登记、拷贝、传输、销毁等环节进行严格管理。

对外交往与合作中需要提供涉及国家秘密的科学数据的，法人单位应明确提出利用数据的类别、范围及用途，按照保密管理规定程序报主管部门批准。经主管部门批准后，法人单位按规定办理相关手续并与用户签订保密协议。

第二十七条 主管部门和法人单位应加强科学数据全生命周期安全管理，制定科学数据安全保护措施；加强数据下载的认证、授权等防护管理，防止数据被恶意使用。

对于需对外公布的科学数据开放目录或需对外提供的科学数据，主管部门和法人单位应建立相应的安全保密审查制度。

第二十八条　法人单位和科学数据中心应按照国家网络安全管理规定，建立网络安全保障体系，采用安全可靠的产品和服务，完善数据管控、属性管理、身份识别、行为追溯、黑名单等管理措施，健全防篡改、防泄露、防攻击、防病毒等安全防护体系。

第二十九条　科学数据中心应建立应急管理和容灾备份机制，按照要求建立应急管理系统，对重要的科学数据进行异地备份。

第六章　附则

第三十条　主管部门和法人单位应建立完善科学数据管理和开放共享工作评价考核制度。

第三十一条　对于伪造数据、侵犯知识产权、不按规定汇交数据等行为，主管部门可视情节轻重对相关单位和责任人给予责令整改、通报批评、处分等处理或依法给予行政处罚。

对违反国家有关法律法规的单位和个人，依法追究相应责任。

第三十二条　主管部门可参照本办法，制定具体实施细则。涉及国防领域的科学数据管理制度，由有关部门另行规定。

第三十三条　本办法自印发之日起施行。

附录 C 中国农业科学院农业科学数据管理与开放共享办法

第一章 总则

第一条 农业科学数据是国家农业科技创新的基础性和战略性资源,是农业科学研究中必不可少的基本要素。为进一步加强和规范中国农业科学院农业科学数据管理,保障农业科学数据安全,提高农业科学数据开放共享水平,促进农业科技创新和经济社会发展,依据国家《科学数据管理办法》(国办发〔2018〕17号)等相关规定,特制定本办法。

第二条 本办法所称农业科学数据主要指在农业科技活动中产生的原始性、基础性数据,以及按照不同需求系统加工整理的各类数据集,主要通过科技工作者所开展的研究活动、观测、地面监测站(点)、自下而上的统计、各种实验、宇宙空间的探测、从若干相关数据资源中整理选择等手段和方法来获取。

第三条 中国农业科学院院属各单位及人员利用国家财政性资金支持的科技活动所形成的农业科学数据,其汇交管理与开放共享均适用本办法,其他资金支持的科技活动形成的科学数据可参照本办法。

第四条 农业科学数据工作遵循统筹协调、规范管理、安全可控、持续发展的基本原则,落实主体责任,创新管理机制,加强能力建设,促进开放共享。

第五条 从事农业科学数据生产、使用、管理的单位和个人均应遵守国家法律法规、不得利用农业科学数据从事危害国家安全、社会利益和他人合法权益的活动。

第二章 职责与分工

第六条 中国农业科学院信息化工作领导小组（以下简称院信息化领导小组）是全院农业科学数据工作的领导和决策机构，负责贯彻落实国家科学数据管理政策和全院农业科学数据工作的顶层设计与统筹规划。

第七条 中国农业科学院信息化工作领导小组办公室（以下简称院信息办），是全院农业科学数据工作统筹协调与实施机构，负责落实院信息化领导小组的各项决策部署，并推进落实全院科学数据管理与共享工作。院信息办的主要职责：

（1）组织编制全院农业科学数据工作政策与规章制度；

（2）负责全院农业科学数据中心体系规划部署与推进实施；

（3）负责全院农业科学数据管理与开放共享的标准化工作；

（4）负责发布全院农业科学数据管理与开放共享工作年度报告；

（5）负责联系全院各主管部门开展相关工作；

（6）负责组织落实创新工程、基本科研业务费、重大国际合作项目和活动，以及其他国家财政支持的各类科研项目所产生的农业科学数据管理与开放共享工作，并负责组织落实全院重大基础设施建设中相关数据管理与开放共享工作；

（7）负责组织落实我院重点实验室、野外台站、种质资源库等平台网络及大型仪器设备的科学数据管理与开放共享工作；

（8）负责组织落实全院农业学术期刊相关的科学数据管理与开放共享工作；

（9）负责指导制定农业科学数据管理与开放共享相关的人才评价与激励制度；

（10）负责组织落实全院农业科学数据管理与开放共享工作的评估评价。

第八条 院属法人单位是农业科学数据管理与开放共享工作的责任主体，主要职责是：

（1）明确本单位的农业科学数据管理机构，建立健全农业科学数据管理与开放共享制度和科学数据质量控制体系；

（2）按照相关标准规范组织开展农业科学数据采集生产和加工整理，形成便于使用的数据库和数据集，定期公布农业科学数据开放目录，组织开展农业科学数据的共享服务；

（3）建立本单位农业科学数据人才体系，根据具体情况设立农业科学数据管理相关工作岗位，建立从事农业科学数据管理相关工作科研人员的考核标准和晋升机制；

（4）按照有关规定做好农业科学数据保密和安全管理工作。

第九条 中国农业科学院农业科学数据中心是经院信息办认定、以国家农业科学数据中心为基础、依托院属法人单位建立、从事我院农业科学数据管理与开放共享服务工作的机构。其主要责任是承担农业科学数据的汇交整合，负责农业科学数据分级分类、加工整理和分析挖掘，促进农业科学数据应用，保障农业科学数据安全，依法依规推动农业科学数据开放共享，加强国内外农业科学数据交流合作等工作。

第三章 农业科技项目数据汇交与管理

第十条 我院各项目管理部门须将农业科技项目数据管理计划作为项目立项的必要条件，院创新工程及基本科研业务费项目须在立项时明确提出科技项目数据管理计划。在签订项目合同时即明确提出，并最终列入项目评审内容。科技项目数据管理计划主要包含项目预期产生的数据内容、类型、规模、质量、提交时间和最终汇交的科学数据管理机构名称，数据共享说明等。

第十一条　项目负责人应按照农业科技项目数据管理计划开展科学数据规范化整编和质量控制工作，并及时向项目指定的科学数据管理机构汇交数据。

项目承担单位负责对项目的数据管理与汇交实施情况进行监督及考核。

第十二条　我院各项目管理部门须将农业科学数据汇交与管理情况作为验收的必要条件，对科技项目数据管理计划的执行情况和科学数据的产出情况等进行监督评估，建立先汇交数据、再验收项目/课题的机制。

项目验收前，项目牵头单位需对项目产生的科学数据进行核对并开展评估后，统一汇交至指定的科学数据管理机构，并在中国农业科学院农业科学数据中心备份。

第十三条　院属法人单位与国外/境外组织或个人的合作项目，在国外/境外所产生的农业科学数据，应通过该院属法人单位汇交。

国外/境外组织或个人依托院属法人单位开展的合作项目，在中华人民共和国境内产生的农业科学数据，应通过该院属法人单位汇交。

第十四条　农业科技项目数据的汇交包括院级和所级两个级别。院级数据管理部门负责全院数据的存储、分类及开放共享服务等。所级数据管理部门负责本所数据的汇总与核验。先由项目负责人指定专人按项目合同书要求将数据汇交到所级数据管理部门，所级数据管理部门在对项目数据核验后，再向中国农业科学院农业科学数据中心汇交数据。

第四章　论文关联数据汇交与管理

第十五条　我院科研人员应将支持学术论文的农业科学数据汇交到我院科学数据管理机构，并适时开放共享，确保科研结论可验证。

第十六条　院属期刊应逐步建立论文发表前数据汇交机制，论文作者在论文正式发表前将数据汇交到期刊指定的农业科学数据管理机构，并在中国农业科学院农业科学数据中心进行备份，并适时开放共享。

院属法人单位应对院属期刊论文关联数据汇交管理与开放共享情况进行监督与评估。

第十七条 院属法人单位应逐步建立论文关联数据的汇交与管理机制，确保论文关联数据在我院农业科学数据管理机构留存备份，并将论文关联数据汇交情况纳入科研人员考核评价体系。

第十八条 利用国家财政性资金资助形成的农业科学数据完成的学术论文在国外学术期刊发表并对外提交数据，论文作者应在论文发表前将数据汇交至所在法人单位科学数据管理机构或者中国农业科学院农业科学数据中心。

第五章 农业科学数据开放共享

第十九条 农业科学数据应按照分等级、可发现、可访问、可利用的原则，适时向院内外用户开放共享。

分等级：对数据进行必要的分级分类，明确各级别数据的开放共享条件。

可发现：每个数据集都应被赋予符合国家标准、唯一且长期不变的标识符，并配有规范的元数据描述，易于发现和定位。

可访问：在保障数据安全的同时，开放共享的数据应公开提供稳定且易于获取的访问地址和访问方式。

可利用：开放共享的数据应明确数据使用的条件和要求，具有对数据生成及处理过程、数据质量等的详细描述信息，符合相关的标准规范，以便可以在不同应用中重复利用或和其他数据融合后利用。

第二十条 院属法人单位应对其所产生和管理的农业科学数据进行必要的分级分类，形成开放共享的清单目录，通过本单位农业科学数据管理机构或授权指定的中国农业科学院农业科学数据中心进行开放共享。

第二十一条 院属法人单位运行的野外台站产生的科学数据应规范管理并及时开放共享。

　　第二十二条　全院重大科技基础设施运行单位应建立设施产生数据的规范管理与开放共享机制。公益科技设施、公共实验设施和专用研究设施产生的农业科学数据应规范管理并及时开放共享。对于用户使用上述设施产生的农业科学数据，必须在确保用户权益的基础上，通过书面协议的方式开展农业科学数据的收集和保存等工作。

　　第二十三条　中国农业科学院农业科学数据中心应对其所汇聚和管理的农业科学数据进行规范整编，开展农业科学数据加工与质量控制工作，形成分级分类开放共享的目录清单，建立农业科学数据开放共享的技术平台和服务系统，面向全社会提供农业科学数据共享服务。

第六章　保障机制

　　第二十四条　中国农业科学院农业科学数据中心体系由总中心和所级分中心组成，是中国农业科学院农业科学数据管理与开放共享保障机制的重要组成部分。各类数据中心依托的院属法人单位应提供资源条件和人员保障，推动农业科学数据的规范管理和开放共享。

　　（1）总中心保障全院农业科学数据资源的长期保存和容灾备份，研究科学数据相关的通用技术，制定科学数据相关的通用标准规范，建设运行全院科学数据公共服务平台，推动农业科学数据交叉融合应用；

　　（2）所级分中心应对本法人单位科研项目产出数据、论文相关联数据等进行汇交、整编与核验，定期将数据备份至中国农业科学院农业科学数据中心。

　　第二十五条　院属法人单位应将数据论文纳入成果统计和晋升考核。鼓励有条件的科研机构创办数据论文期刊，为科研人员发表数据论文，拓展农业科学数据国内开放渠道，提高农业科学数据的影响力提供便利条件。

　　第二十六条　农业科学数据使用者应恪守学术道德，在论文发表、专利申请、专著出版等工作中必须参照相关标准注明参考引用的农业科学数据。

第二十七条　对于政府决策、公共安全、国防建设、环境保护、防灾减灾、公益性科学研究等需要使用农业科学数据的情况，农业科学数据中心、院属法人单位应无偿提供。

鼓励各类科学数据中心开展科学数据加工及增值服务。对于因经营性活动需要使用科学数据的情况，当事人双方应当签订有偿服务合同，明确双方的权利和义务。

第二十八条　院信息办会同院财务局对中国农业科学院农业科学数据中心建设运行进行评估，依据评估结果给予相应支持，并报院领导及相关责任部门。

第二十九条　对于未按照规定汇交数据等行为，院信息办可视情节轻重对相关单位和责任人采取责令整改、通报批评等处理措施。

第三十条　对于伪造、篡改、剽窃、抄袭、重复出版科学数据等严重科研不端行为，将按照院有关制度进行学术调查并给予相应学术处理。

第七章　安全保密

第三十一条　院属法人单位和各类农业科学数据中心要严格按照国家网络安全管理规定，建立网络安全保障体系，采用安全可靠的产品和服务，完善农业科学数据管控、属性管理、身份识别、行为追溯、黑名单等管理措施，定期维护数据库系统安全，健全防篡改、防泄露、防攻击、防病毒等安全防护体系。

第三十二条　院属法人单位和各类农业科学数据中心应加强数据全生命周期安全管理，制定完善的科学数据利用流程及安全审查制度，明确数据安全责任人。在对外公布科学数据开放目录或对外提供农业科学数据时，应建立必要的安全保密审查制度。

第三十三条　各类农业科学数据中心应建立应急管理和容灾备份机制，按照相关建立应急管理系统。不同等级农业科学数据按照不同标准进行备份，重要数据应采取多份异地备份，一般数据可在本地进行备份。各类科学数据中心应定期对备份数据进行应急演练。

第三十四条　涉及国家秘密的农业科学数据的采集生产、加工整理、管理和使用，应按照国家有关的保密法律法规执行。

第八章　附则

第三十五条　院属法人单位及各类农业科学数据中心参照本办法制定具体的实施细则。

第三十六条　本办法由院信息办负责解释。

第三十七条　本办法自公布之日起施行。